普通高等教育机电类系列教材

机械原理及机械设计实验

主　编　周淑霞　隋荣娟　李曰阳
副主编　刘浩然　董　强　陈正洪　张书品
参　编　彭洪美　成小飞　刘子武　刘海燕

机械工业出版社

本书是在机械原理与机械设计课程教学体系及内容改革研究和实践的基础上，结合目前的教学仪器设备编写的，共包括八个机械原理课程实验（实验一 ~ 实验八）和七个机械设计课程实验（实验九 ~ 实验十五）。本书紧密结合机械原理与机械设计课程实验教学要求，以培养学生的创新能力和实践动手能力为目标，加强学生对机械原理与机械设计的基本理论的理解，提高学生的基本技能及机械设计能力。

本书可作为高等院校机械类及其他专业机械原理、机械设计、机械设计基础等课程的配套实验教材，也可供相关专业的工程技术人员参考。

图书在版编目（CIP）数据

机械原理及机械设计实验/周淑霞，隋荣娟，李曰阳主编. —北京：机械工业出版社，2021.1（2024.6 重印）

普通高等教育机电类系列教材

ISBN 978-7-111-67351-4

Ⅰ.①机… Ⅱ.①周… ②隋… ③李… Ⅲ.①机构学-实验-高等学校-教材②机械设计-实验-高等学校-教材 Ⅳ.①TH111-33②TH122-33

中国版本图书馆 CIP 数据核字（2021）第 003970 号

机械工业出版社（北京市百万庄大街 22 号　邮政编码 100037）
策划编辑：余　皞　责任编辑：余　皞
责任校对：陈　越　封面设计：张　静
责任印制：李　昂
北京捷迅佳彩印刷有限公司印刷
2024 年 6 月第 1 版第 3 次印刷
184mm×260mm · 7.25 印张 · 176 千字
标准书号：ISBN 978-7-111-67351-4
定价：24.80 元

电话服务	网络服务
客服电话：010-88361066	机　工　官　网：www.cmpbook.com
010-88379833	机　工　官　博：weibo.com/cmp1952
010-68326294	金　　书　　网：www.golden-book.com
封底无防伪标均为盗版	机工教育服务网：www.cmpedu.com

前　言

为适应新时代中国高等教育建设发展需要，2019 年 12 月教育部下发了《普通高等学校教材管理办法》，把教材建设作为实现高等教育内涵式发展的基石。实验教学是实践教学的重要组成部分，是培养学生创新精神、实践能力和创业意识的主要环节与重要途径。机械原理、机械设计是两门工程实践性很强的课程，其相应的实验环节不仅对学生巩固所学知识、培养工程实践和操作能力有帮助，而且对培养学生分析问题、解决问题的能力都起着极其重要的作用。

为了更好地适应当前机械原理与机械设计课程体系改革的需要，同时满足人才培养突出“学以致用”的新要求，突出创新能力培养，教研室编写了本书。本书依据全国高校机械原理与机械设计实验课程教学大纲要求编写，内容丰富、涉及面广，不仅包含了大纲规定的基本实验项目，还包含了具有设计性、综合性等提高型的实验项目。在编写过程中，张洪丽、张鹏、丁刚、国兴玉、刘爱华、宋淑慧等老师提出了很多宝贵意见，教研室其他同志也都对本书的编写提供了很多支持和帮助。在此向一直从事以及关心和支持机械原理与机械设计、机械设计基础理论教学与实验教学改革的同仁们表示衷心的感谢！

参加本书编写的有：周淑霞（实验一、二、七、八），隋荣娟（实验三、四、十五），李曰阳（实验十、十三），刘浩然（实验五、六），董强、陈正洪（实验九、十四），张书品（实验十一），彭洪美、成小飞、刘子武、刘海燕（实验十二）。全书由周淑霞、隋荣娟、李曰阳任主编并统稿。

本书可作为机械类及近机械类专业机械原理与机械设计课程的实验教材。为满足不同学生的使用要求，所有实验项目可以根据实际的实验设备及教学大纲要求选择完成。

由于编者水平有限，漏误及不当之处在所难免，敬请读者批评指正，以利于今后不断修改完善，在此深表感谢！

编　者

目 录

实验一

机构认知实验

• 本实验通过参观实验室机构模型，使学生对机构和机器产生感性认识。同时要求了解各种机构结构、类型、特点及应用，为后续机构学习奠定基础。

• 建议实验2学时。

一、实验目的

1. 掌握根据实际机械或模型的结构绘制机构运动简图的原理和方法。
2. 验证和巩固机构自由度的计算以及机构具有确定运动的条件。

二、实验设备和工具

1. 各种机构模型。
2. 三角板、圆规。
3. 铅笔与橡皮。

三、实验原理及方法

运动机构模型如图1-1所示。

图中①为单缸内燃机模型，它是把燃气热能通过曲柄转换成曲轴转动的机械能。图中②为蒸汽机模型，它采用曲柄滑块机构，将蒸汽的热能转化为曲柄转动的机械能。图中③为常见的家用缝纫机，为达到缝纫目的采用了多种机构来实现这一工作要求。例如，往复运动是由曲柄滑块机构的滑块来实现的，间歇运动是由圆柱凸轮机构来完成的，送布运动是由几组凸轮机构相互配合来实现的。

以上三个模型有个共同的特点，即都由几个机构按照一定的要求相配合组成一部完整的机器。

平面四杆的模型如图1-2所示。

平面连杆机构是被广泛应用的机构之一，而最基本的四杆机构在机械原理课程中将其分为三大类，第一类基本形式是铰链四杆机构，其又有三种运动形式。图1-2中所示④为曲柄摇杆机构，与最短杆相连的杆作为机架，与最短杆相对的杆可以摆动构成摇杆，在曲柄等速

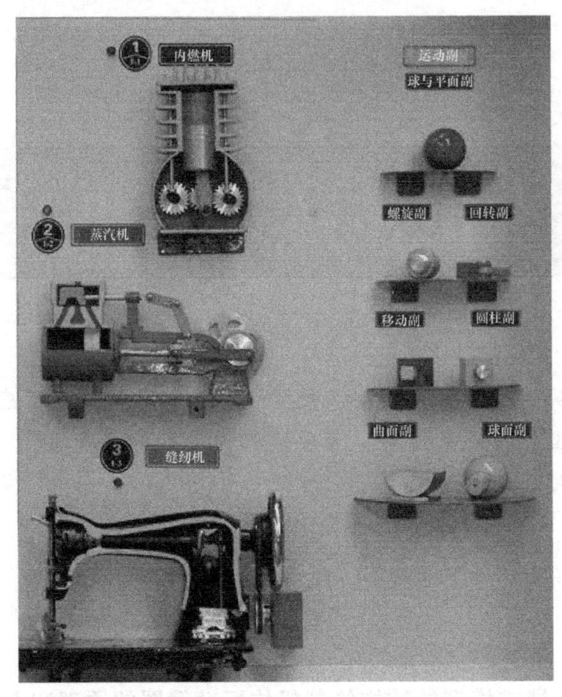

图 1-1　运动机构模型

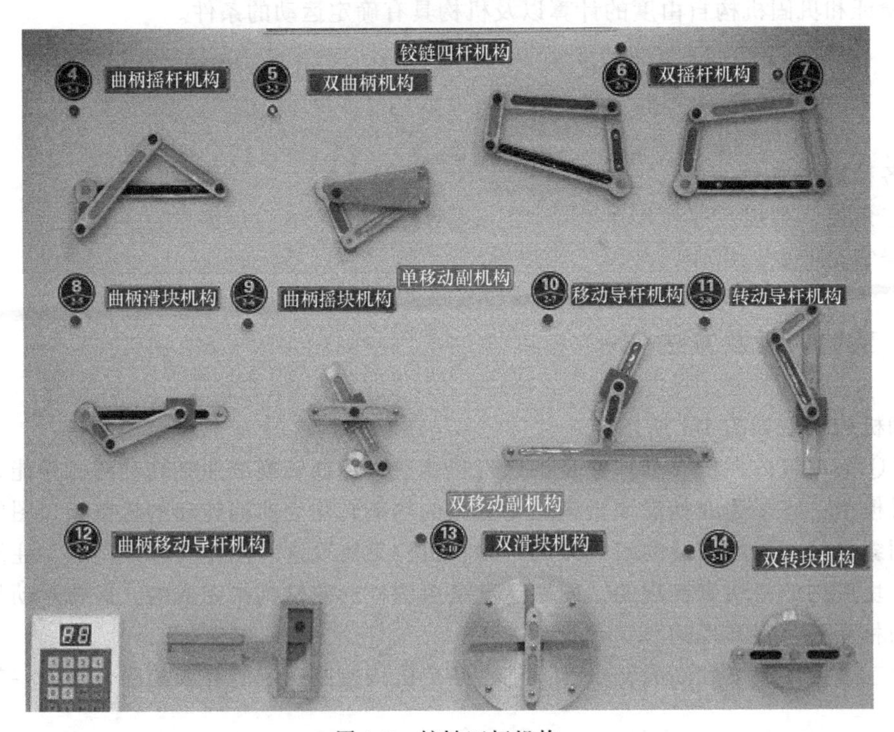

图 1-2　铰链四杆机构

转动时，摇杆做变速摆动，这种现象称为急回特性。

图 1-2 中所示⑤为双曲柄机构，它是以最短杆作为机架，这时与机架相连的杆称为曲柄，这种机构称为双曲柄机构。双曲柄机构也具有急回特性。

图 1-2 中所示⑦为一双摇杆机构，它与曲柄摇杆机构相似，但因两个连杆尺寸结构无法实现整周运动，所以只能作双摆动，称为双摇杆机构。

图 1-2 中所示⑧为曲柄滑块机构，这是应用最多的单移动式机构。它可以将转动转变为往复移动或将移动转变为转动。当曲柄匀速转动时，滑块的速度是非匀速的。

图 1-2 中所示⑨为曲柄摇块机构，其以连杆为机架，而最短杆成为曲柄，则与曲柄相连的杆绕固定点摆动。曲柄摇块机构也具有急回特性。

图 1-2 中所示⑩为移动导杆机构，其以橙色杆为机架，请总结一下图 1-2 所示⑧⑨⑩三个单移动式机构的曲柄存在条件是什么?

图 1-2 中所示⑪为转动导杆机构，其以白色杆为机架，橙色杆为曲柄，白色杆称为导杆。

平面连杆机构的第三类基本形式是带有两个移动副的铰链四杆机构，简称双移动副机构，图 1-2 中所示⑫为曲柄移动导杆机构，导杆做简谐运动，其常用于仪器、仪表中。

图 1-2 中所示⑬为双滑块机构，其在机构连杆上的一点的运动轨迹是一个椭圆，又称为椭圆机构。

图 1-2 中所示⑭为双转块机构，这种机构有做等速回转的主动件和从动转块，且转向相同，当两个平行转动轴间的距离很小时，可采用这种机构。因这种机构通常作为联轴器应用，所以又称十字滑块机构。

图 1-3 所示为机构运动简图和实例。

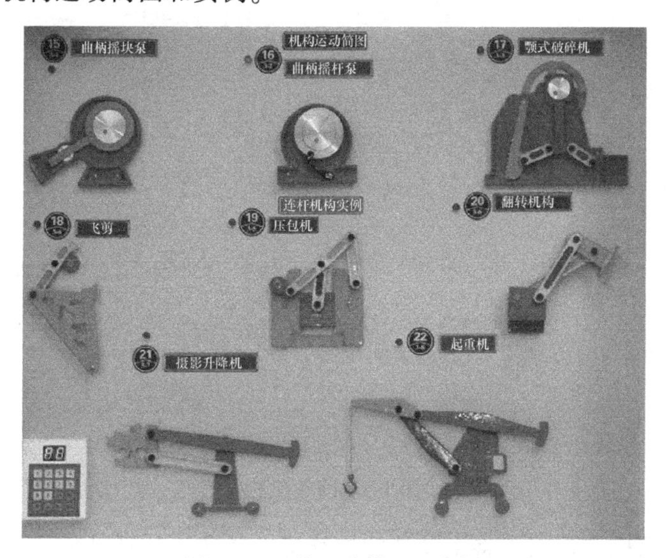

图 1-3　机构运动简图和实例

图 1-3 中所示⑮为曲柄摇块泵模型，图上右边孔是进油口，左边孔是出油口。图 1-3 中所示⑯为曲柄摇杆泵模型，它的工作原理与曲柄摇块泵一样。图 1-3 中所示⑰为颚式破碎机，常用来粉碎矿石，是一种平面六杆机构。

图 1-3 中所示⑱为飞剪模型，它的工艺要求是在剪切区域以内，两个刀刃的运动在水平方向的分速度相等，并且同时等于钢板的运行速度。此处采用了曲柄摇杆机构，很巧妙地运用连杆上一点的轨迹和摇杆上一点的轨迹相同的特性。

图 1-3 中所示⑲为压包机，它要求一个运动周期完成一次压包。一个运动周期完成后

有一段制动时间，以便进行上下料工作。图 1-3 中所示⑳为翻转机构，其是一个双摇杆机构。

图 1-3 中所示㉑为摄影升降机，摄影升降机的工作台要求在升降过程中始终保持原有水平位置。这里采用了一个平行四边形机构，工作台设在它的连杆上，以保证在升降过程中始终保持水平位置。

连杆机构的第二类应用是实现给定的轨迹。图 1-3 中所示㉒为起重机。它是一个双摇杆机构，在连杆上的某段有近似直线的轨迹，起重机的吊钩就是利用这一直线轨迹移动的。因为在水平移动时要避免不必要的升高作业消耗能量。

图 1-4 所示为凸轮机构。

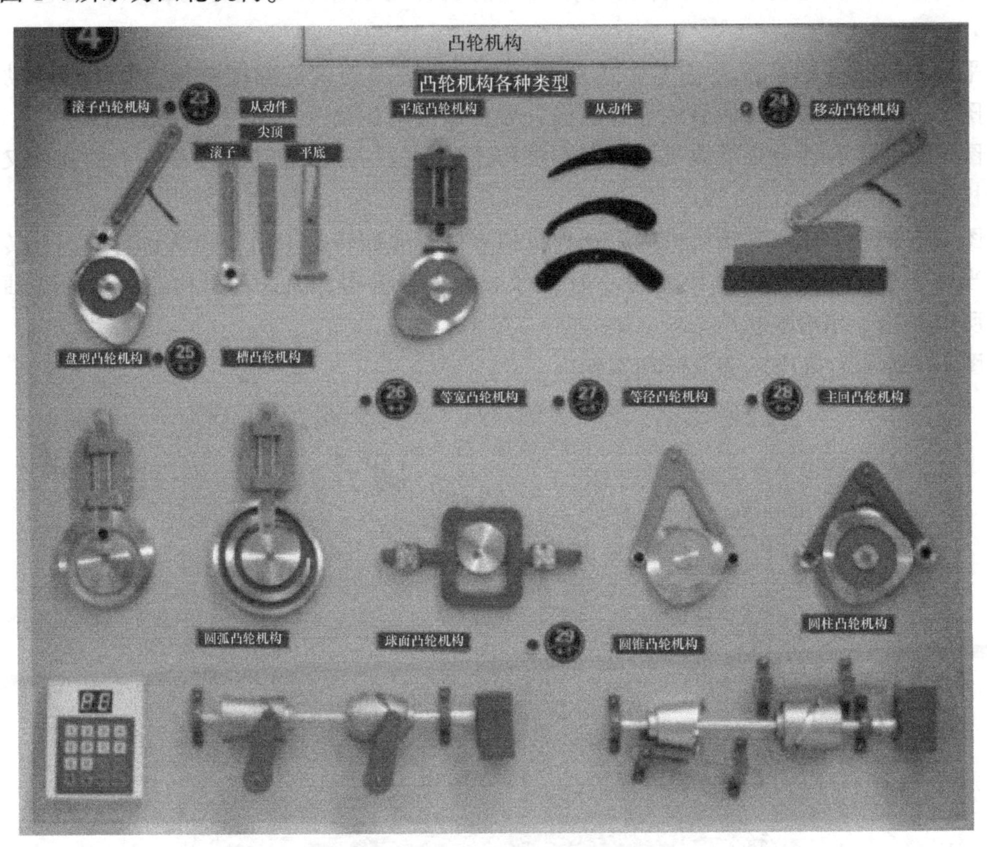

图 1-4　凸轮机构

凸轮机构：凸轮机构常用于将主动件的连续运动转变为从动件的往复运动。只要适当设计凸轮的轮廓，就可使从动件获得任意的运动规律。由于凸轮机构简单而紧凑，故广泛应用于各种机械、仪器和操作过程中。

移动凸轮机构：凸轮做直线往复移动，结构简单，常被采用。可以用弹簧力、重力和其他外力使从动件与凸轮始终保持接触。

等宽凸轮机构：凸轮宽度始终等于平底从动件的宽度。因此，凸轮与从动件始终保持接触。

等径凸轮机构：在任何位置时，从动件两滚子中心到凸轮偏转中心的距离不变。

主回凸轮机构：用两个固定在一起的盘状凸轮来控制从动件。两个凸轮一个称为主凸

轮，它控制从动件的工作行程；另一个称为回凸轮，控制从动件的回程。

空间凸轮机构：各构件间的相对运动包含空间运动的凸轮机构。一般根据凸轮的外形命名。如图 1-4 中所示㉙从左至右分别是圆弧凸轮机构、球面凸轮机构、圆锥凸轮机构、圆柱凸轮机构。圆弧凸轮机构是空间凸轮机构，该凸轮是圆弧回转体，它的母线是一条圆弧，一般都采用摆动从动件，从动件的摆动中心就是凸轮圆弧的中心。圆柱凸轮机构在设计和制造方面都比其他空间凸轮简单，所以在空间凸轮中以圆柱凸轮机构用得最多。

齿轮机构的类型如图 1-5 所示。

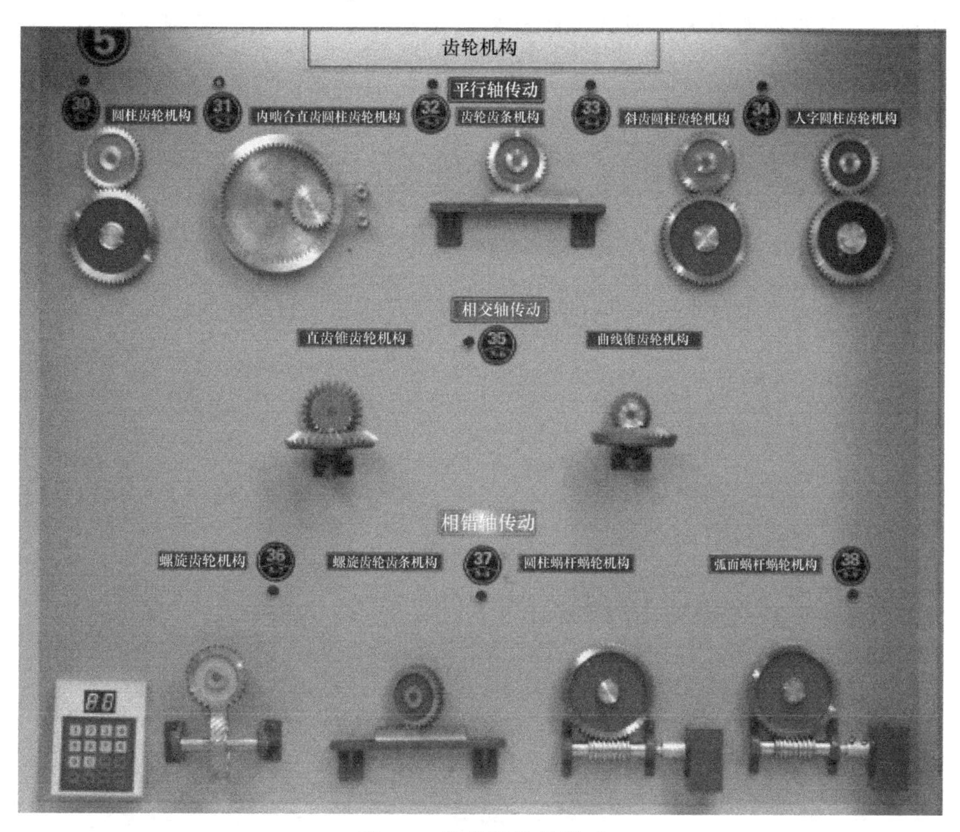

图 1-5　齿轮机构的类型

齿轮机构是一种常用的传动装置。它具有传动准确、可靠、运转平稳、承载能力大、体积小、效率高等优点。所以在各种机械装置中被广泛地采用。

内啮合直齿圆柱齿轮机构：主从动轴之间传动的转动方向相同，在相同的传动比情况下体积紧凑。

齿轮齿条机构：主要用于将转动转变为直线移动，或者将直线移动转变为转动的场合。

斜齿圆柱齿轮机构：轮齿沿螺旋方向排列在圆柱体上，它可左旋或右旋。斜齿圆柱齿轮传动的主要特点是传动平稳、承载能力高、噪声小。

人字圆柱齿轮机构：由左右两排对称形状的斜齿轮组成。因齿轮左右两侧完全对称，所以两侧产生的轴向力相互抵消。人字齿轮传动主要用于矿山设备中的大功率传动。

齿轮机构的第二种类型是传递两相交轴之间的运动，主要为锥齿轮传动，其两轴的夹角可任意选择，一般常用 90°。因轴线相交两轴孔相应位置加工难以达到高精度，而且啮合齿轮是悬壁安装，故锥齿轮的承载能力和工作速度都低。

齿轮机构的第三种类型是传递交错轴运动和动力的齿轮机构。

螺旋齿轮机构：两齿轮为点接触，齿轮磨损大、效率低，故不适用于大功率和高速的传动。

螺旋齿轮齿条机构：它的特点与螺旋齿轮机构相似。

圆柱蜗杆蜗轮机构：两轴夹角为90°，特点是传动平稳、噪声小、传动比大。

弧面蜗杆蜗轮机构：弧面蜗杆外形为圆弧回转体，蜗杆与蜗轮的接触齿数较多，降低了齿面接触应力，其承载能力为普通圆柱蜗杆蜗轮传动的1.4~4倍，但制造复杂，装配条件要求也高。

齿轮的基本参数如图1-6所示。

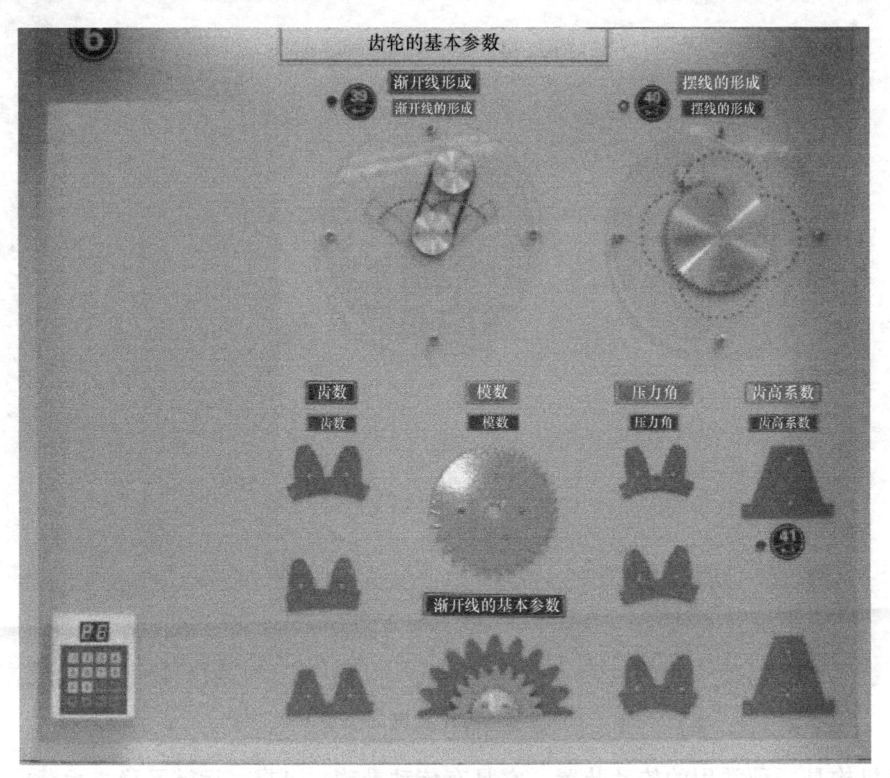

图1-6　齿轮的基本参数

从发生线、基圆、渐开线这三者的关系，可得到渐开线的四个性质：①渐开线的形状取决于基圆的大小。②发生线是渐开线的发生线而且切于基圆。③基圆内无渐开线。④发生线沿基圆滚过的长度等于基圆上被滚过的圆弧长度。

间歇运动机构如图1-7所示。在机械中常需要使某些构件做周期性的运动和停歇，这种运动机构称为间歇运动机构。

图1-7中所示㊺为齿式棘轮机构。其运动可靠、结构简单，但棘轮运动角只能做有级调整，回程时棘爪在齿面上滑行会引起噪声和齿尖磨损，因此一般只能用于低速和传动精度要求不高的情况下。

图1-7中所示㊻为摩擦式棘轮机构，其结构简单、制造方便，棘轮运动角可做无级调

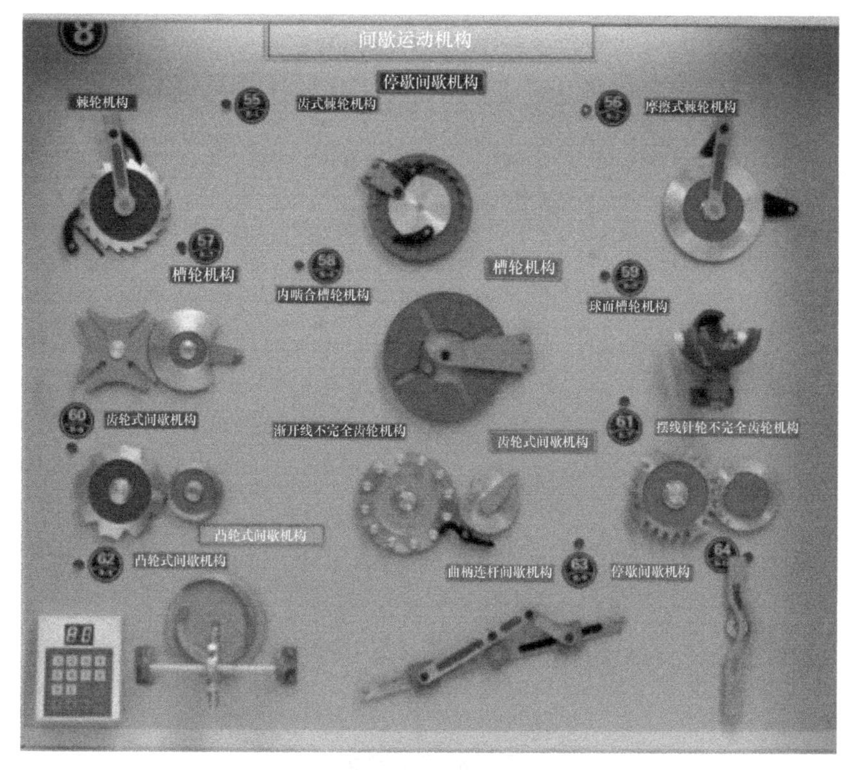

图 1-7　间歇运动机构

整。因摩擦传动，棘爪和棘轮接触过程无噪声，传动平稳，但容易打滑，因此，运动的准确性较差，常用于差速离合器。

图 1-7 中所示㊼为外啮合槽轮机构，它在槽轮机构中用得最多、最广。

图 1-7 中㊾所示的机构可以传递相交轴之间的间歇运动，槽轮做成半圆形，称为球面槽轮机构。

图 1-7 中所示㊿为渐开线不完全齿轮机构，这种齿轮式间歇运动机构都是由齿轮机构演变而成的，它的外形特点是轮齿不布满整个圆周。

图 1-7 中所示61为摆线针轮不完全齿轮机构，它的轮齿也不满布整个圆周。无论哪种齿轮式间歇运动机构，从动轮在进入啮合和脱离啮合时，有速度突变，冲击较大，一般适用于低速轻载的工作条件。

图 1-7 中所示62为一种凸轮式间歇机构，它是运用凸轮与转位阀销的相互作用，将凸轮的连续运动转化为从动盘的间歇运动，结构简单、运行可靠、传动平稳，适用于高速间歇运动的场合。

图 1-7 中所示63为有间歇运动的曲柄连杆机构。

图 1-7 中所示64是具有间歇运动的导杆机构，它的导杆槽中心线的某一部分为圆弧，其圆弧半径等于曲柄的长度，这样机构在左边极限位置时具有间歇特性。

组合机构是由多种基本机构结合而成的机构。通常基本机构有一定的局限性无法满足多方面的要求，因此就发展出两个或多个基本机构联合起来形成组合机构的形式。这样就扩大了基本机构的使用范围，综合了基本机构的优点。组合机构如图 1-8 所示。

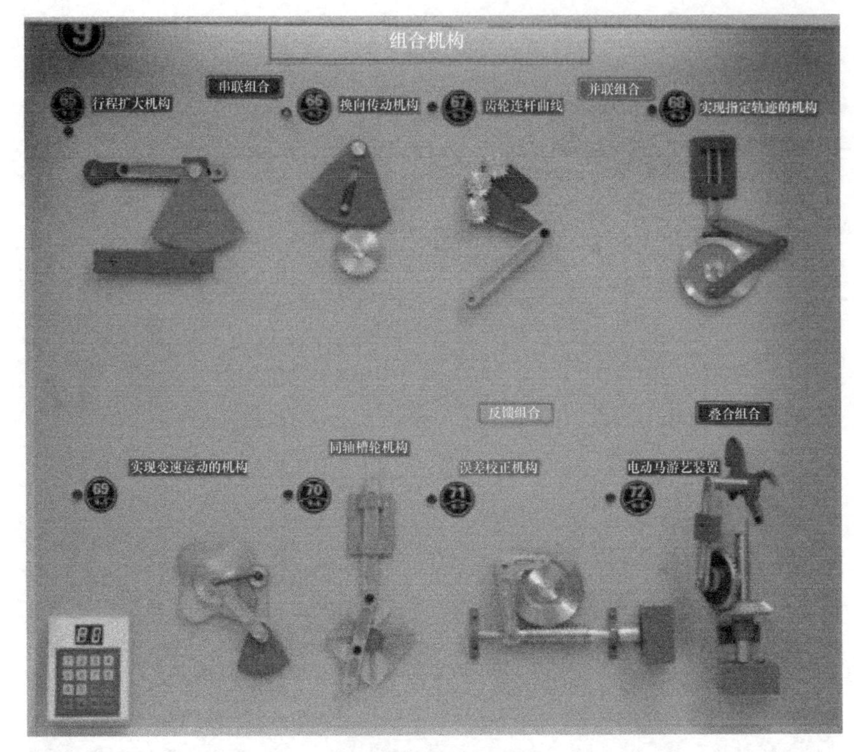

图 1-8 组合机构

图 1-8 中所示⑥是连杆机构和齿轮机构串联而成的组合机构。滑块与扇形齿轮相连，通过扇形齿轮的往复摆动，扩大了滑块的行程，可以看到扇形齿轮上指针的行程大于滑块的行程。

图 1-8 中所示⑥为换向传动机构，它由凸轮机构和齿轮机构串联而成。只要设计不同的凸轮轮廓曲线，就可得到不同的输出运动规律，而且从动件还有急回特性。

图 1-8 中所示⑥是由齿轮与连杆组成的齿轮连杆曲线机构。它可以实现较复杂的运动轨迹，轨迹的形状取决于连杆机构的尺寸和齿轮的传动比。这种轨迹不是单纯的连杆曲线也不是单纯的摆线，因此，称它为齿轮连杆曲线。

图 1-8 中所示⑥为可实现指定轨迹的机构。它比连杆曲线更复杂、更多样化，由凸轮机构和连杆机构并联组成。选定一个两连杆机构，再根据给定的轨迹设计凸轮轮廓曲线。这种组合机构设计方法比较容易，因此被广泛采用。

图 1-8 中所示⑥是一种实现变速运动的机构。此变速运动机构由凸轮机构和差动轮系组成，凸轮的摆杆设在行星轮上，当连接的转臂转动时，摆杆沿固定的凸轮表面滑动，使行星轮产生附加的绕自身轴线的转动，这样中心轮的运动即为两个旋转运动的合成。若主动轴等速旋转，改变凸轮轮廓便可得到不同的从动件的运动规律。

图 1-8 中所示⑦为同轴槽轮机构。驱动主动连杆上的圆销，拨动槽轮转动，槽轮转动结束以后，滑块的一端进入槽轮的槽内，将槽轮可靠地锁住。此机构的特点是槽轮起动时无冲击，从而改善了槽轮机构的动力特性，提高了槽轮旋转速度。

图 1-8 中所示⑦是一个误差校正装置，它是精密滚齿机的分度校正机构。当蜗轮精度要求高时，可设置这套校正机构。装置中采用了凸轮机构，凸轮与蜗轮同轴，凸轮转动便推动

摆杆拨动蜗轮轴向移动，使蜗轮得到附加运动，从而校正了蜗轮的转动误差。

图 1-8 中所示⑫为电动马游艺装置，其使用曲轴摇块机构来完成马的高低位置和马的俯仰动作。机构中的锥齿轮起到了传动的作用，完成了马的旋转前进动作，这三个运动合成后马就形成了飞奔前进的生动形象。

空间连杆机构如图 1-9 所示。

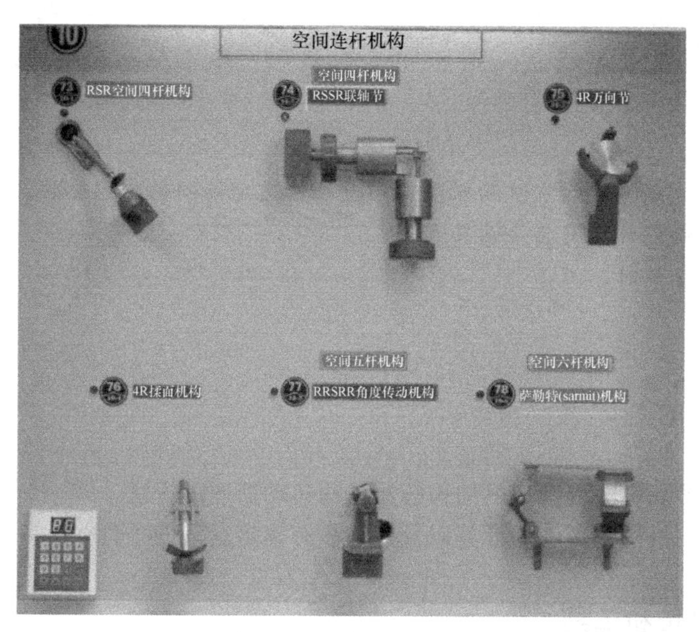

图 1-9　空间连杆机构

图 1-9 中所示⑰为角度传动机构，这是含一个球面副和四个移动副的空间连杆机构。机构的特点是输入与输出轴的空间位置可任意安排。此结构是一种联轴器，当球面副两侧的构件采用对称布置时，可使两轴转速相同。

图 1-9 中所示⑱是用于平行位移的萨勒特机构。它是一个空间六杆机构，其中一组构件的轴线通常垂直于另一组构件的轴线。当主动构件做往复摆动时，机构中顶板相对固定，底板做平行的上下移动。

实验二

机构运动简图的测绘实验

• 本实验通过参观实验室机构模型，学习机构运动简图的绘制方法，对分析研究已有的机构或机构创新设计具有指导意义。

• 建议实验 2 学时。

一、实验目的

1. 学会根据实际机械或模型的结构绘制机构运动简图的方法。
2. 验证和巩固机构自由度的计算以及机构具有确定运动的条件。

二、实验设备和工具

1. 各种机构模型。
2. 三角板、圆规。
3. 铅笔与橡皮。

三、实验原理及方法

机构运动简图是用来研究机构运动学和动力学不可缺少的一种图形表示方法。一般在机械设计的初始阶段都用它来表达设计方案和进行必要的计算，根据机构运动简图还可以全面了解整个机构及其局部的组成形式。

1. 机构运动简图

由于机构的运动状态仅与机构中的构件数目以及连接这些构件的运动副的数目、种类和相对位置有关，因此可以不考虑构件的复杂外形和运动副的具体结构，利用简单的线条和规定的符号就可以代表每一构件和运动副，并按着一定的比例尺准确地将实际机构的运动特征表达出来，这样的简单图形就称为机构运动简图。

2. 测绘方法

（1）分析机构运动情况，判别运动副的性质　测绘时，首先使机构模型缓慢运动。从原动件开始仔细观察机构的运动情况，注意有微小运动的构件，分清构件之间的接触情况及相对运动的性质，从而确定组成机构的构件数目、运动副数目及每个运动副的种类。

（2）合理选择视图　首先选择机构的每一构件均能表达清楚的最佳位置，然后将机构投影到一个与机构上各点的运动平面平行的平面上，或能够反映机构运动特征的其他平面上，用规定的运动副和构件符号绘出机构运动简图。在机构运动简图中应清楚地反映出组成机构的构件数目和运动副的数目、种类及各构件间的相对运动关系，而与机构的运动没有任何关系的结构都不必画出。

（3）选择适当的比例尺　测绘机构运动简图，应认真测量机构的运动学尺寸。按照一定的比例尺准确地画出各构件和每个运动副之间的相对位置。比例尺μ=实际长度(m)/图上长度(mm)。

3. 运动副和构件的表达方法

在绘制机构运动简图时，必须采用国家标准中规定的符号去表示构件和运动副。

实验三

基于Matlab的平面连杆机构运动学实验

• 本实验借助于计算机对平面连杆机构进行运动学分析，并学习 Matlab 软件在机构运动分析中的应用，提高学生利用现代计算工具解决机械产品设计问题的能力。

• 建议实验 2 学时。

一、实验目的

1. 掌握铰链四连杆机构的运动原理及运动参数。
2. 掌握铰链四连杆机构运动分析的解析法，了解铰链四连杆机构的运动规律。
3. 了解现代机构分析工具和分析方法。
4. 提高综合分析及独立解决工程实际问题的方法。

二、实验设备和工具

1. 铰链四连杆机构模型若干。
2. 三角尺、圆规、铅笔、稿纸等文具。
3. 计算机、Matlab 软件。

三、实验要求

1. 用矢量法建立机构的位置方程。
2. 利用 Matlab 对机构的运动学和动力学参数进行求解。

四、实验内容

1. 位置分析

采用矢量法建立机构的位置方程时，需将构件用矢量来表示，并做出机构的封闭矢量多边形。先建立一直角坐标系，各构件的长度及方位角如图 3-1 所示。以各杆矢量组成一个封闭矢量多边形，即 *ABCDA*，其矢量之和必等于零，即

$$\boldsymbol{l}_1+\boldsymbol{l}_2=\boldsymbol{l}_3+\boldsymbol{l}_4 \tag{3-1}$$

式（3-1）为图3-1所示四杆机构的封闭矢量位置方程式。根据式（3-1）可得角位移方程的分量形式为

$$\begin{cases} l_1\cos\theta_1 + l_2\cos\theta_2 - l_3\cos\theta_3 - l_4 = 0 \\ l_1\sin\theta_1 + l_2\sin\theta_2 - l_3\sin\theta_3 = 0 \end{cases} \tag{3-2}$$

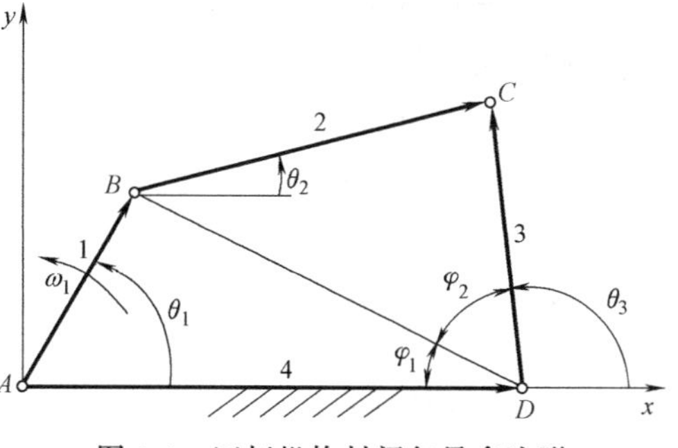

图3-1　四杆机构封闭矢量多边形

2. 速度分析

将式（3-2）对时间求一阶导数，得

$$\begin{cases} l_1\omega_1\sin\theta_1 + l_2\omega_2\sin\theta_2 - l_3\omega_3\sin\theta_3 = 0 \\ l_1\omega_1\cos\theta_1 + l_2\omega_2\cos\theta_2 - l_3\omega_3\cos\theta_3 = 0 \end{cases} \tag{3-3}$$

用矩阵形式表示式（3-3），得

$$\begin{bmatrix} -l_2\sin\theta_2 & l_3\sin\theta_3 \\ l_2\cos\theta_2 & -l_3\cos\theta_3 \end{bmatrix}\begin{bmatrix} \omega_2 \\ \omega_3 \end{bmatrix} = \omega_1\begin{bmatrix} l_1\sin\theta_1 \\ -l_1\cos\theta_1 \end{bmatrix} \tag{3-4}$$

3. 加速度分析

将式（3-3）对时间求一阶导数，得连杆2和连杆3的加速度为

$$\begin{bmatrix} -l_2\sin\theta_2 & l_3\sin\theta_3 \\ l_2\cos\theta_2 & -l_3\cos\theta_3 \end{bmatrix}\begin{bmatrix} \alpha_2 \\ \alpha_3 \end{bmatrix} + \begin{bmatrix} -\omega_2 l_2\cos\theta_2 & \omega_3 l_3\cos\theta_3 \\ -\omega_2 l_2\sin\theta_2 & \omega_3 l_3\sin\theta_3 \end{bmatrix}\begin{bmatrix} \omega_2 \\ \omega_3 \end{bmatrix} = \omega_1\begin{bmatrix} \omega_1 l_1\cos\theta_1 \\ \omega_1 l_1\sin\theta_1 \end{bmatrix} \tag{3-5}$$

4. 实例分析

如图3-1所示，已知铰链四杆机构各构件的尺寸为：$l_1 = 101.6\text{mm}$，$l_2 = 254\text{mm}$，$l_3 = 177.8\text{mm}$，$l_4 = 304.8\text{mm}$，原动件1以匀角速度 $\omega_1 = 250\text{rad/s}$ 逆时针转动，计算连杆2和连杆3的角速度、角位移及角加速度，并绘制出运动线图。

（1）程序设计　编写Matlab程序求解。

主程序 crank_rocker_main 文件

```
l1=101.6;l2=254;l3=177.8;l4=304.8;
omega1=250;
alpha1=0;
hd=pi/180;du=180/pi;
for n1=1:361
    theta1=(n1-1)*hd;
    [theta,omega,alpha]=crank_rocker(theta1,omega1,alpha1,l1,l2,l3,l4);
    theta2(n1)=theta(1);theta3(n1)=theta(2);
    omega2(n1)=omega(1);omega3(n1)=omega(2);
    alpha2(n1)=alpha(1);alpha3(n1)=alpha(2);
end
figure(1);
n1=1:361;
subplot(2,2,1);
plot(n1,theta2*du,n1,theta3*du,'k');
title('角位移线图');
```

```
xlabel('曲柄转角\theta_1 ∧ circ')
ylabel('角位移∧circ')
grid on;hold on;
text(140,170,'\theta_3')
text(140,30,'\theta_2')
subplot(2,2,2);
plot(n1,omega2,n1,omega3,'k');
title('角速度线图');
xlabel('曲柄转角\theta_1 ∧ circ')
ylabel('角速度/rad\cdots^{-1}')
grid on;hold on;
text(250,130,'\omega_2')
text(130,165,'\omega_3')
subplot(2,2,3);
plot(n1,alpha2,n1,alpha3,'k');
title('角加速度线图');
xlabel('曲柄转角\theta_1 ∧ circ')
ylabel('角加速度/rad\cdots^{-2}')
grid on;hold on;
text(230,2e4,'\alpha_2')
text(30,7e4,'\alpha_3')

subplot(2,2,4); %铰链四杆机构图形输出
x(1)=0;
y(1)=0;
x(2)=l1 * cos(70 * hd);
y(2)=l1 * sin(70 * hd);
x(3)=l4+l3 * cos(theta3(71));
y(3)=l3 * sin(theta3(71));
x(4)=l4;
y(4)=0;
x(5)=0;
y(5)=0;
plot(x,y);
grid on;hold on;
plot(x(1),y(1),'o');
plot(x(2),y(2),'o');
plot(x(3),y(3),'o');
plot(x(4),y(4),'o');
```

```
title('铰链四杆机构');
xlabel('mm');
ylabel('mm');
axis([-50 350 -20 200]);%

%铰链四杆机构运动仿真
figure(2)
m=moviein(20);
j=0;
for n1=1:5:360
    j=j+1;
    clf;
    x(1)=0;
    y(1)=0;
    x(2)=l1*cos((n1-1)*hd);
    y(2)=l1*sin((n1-1)*hd);
    x(3)=l4+l3*cos(theta3(n1));
    y(3)=l3*sin(theta3(n1));
    x(4)=l4;
    y(4)=0;
    x(5)=0;
    y(5)=0;
    plot(x,y);
    grid on;hold on;
    plot(x(1),y(1),'o');
    plot(x(2),y(2),'o');
    plot(x(3),y(3),'o');
    plot(x(4),y(4),'o');
    axis([-150 350 -150 200]);
    title('铰链四杆机构');xlabel('mm');ylabel('mm');
    m(j)=getframe;
end
movie(m);
```

子函数 crank_rocker 文件

```
function [theta,omega,alpha]=crank_rocker(theta1,omega1,alpha1,l1,l2,l3,l4)
L=sqrt(l4*l4+l1*l1-2*l1*l4*cos(theta1));
phi=asin((l1./L)*sin(theta1));
beta=acos((-l2*l2+l3*l3+L*L)/(2*l3*L));
if beta<0
```

```
    beta=beta+pi;
end
theta3=pi-phi-beta;
theta2=asin((l3*sin(theta3)-l1*sin(theta1))/l2);
theta=[theta2;theta3]

A=[-l2*sin(theta2),l3*sin(theta3);
   l2*cos(theta2),-l3*cos(theta3)];
B=[l1*sin(theta1);-l1*cos(theta1)];
omega=A\(omega1*B);
omega2=omega(1);omega3=omega(2);
A=[-l2*sin(theta2),l3*sin(theta3);l2*cos(theta2),-l3*cos(theta3)];
At=[-omega2*l2*cos(theta2),omega3*l3*cos(theta3);-omega2*l2*sin(theta2),
omega3*l3*sin(theta3)];
B=[l1*sin(theta1);-l1*cos(theta1)];
Bt=[omega1*l1*cos(theta1);omega1*l1*sin(theta1)];
alpha=A\(-At*omega+alpha1*B+omega1*Bt);
```

(2)运行结果如图 3-2 所示

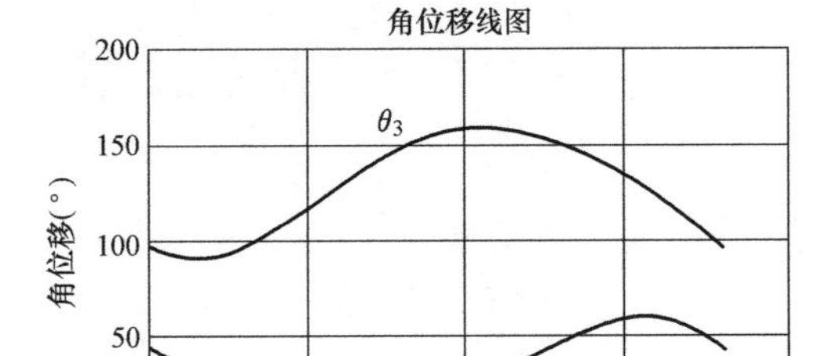

a)

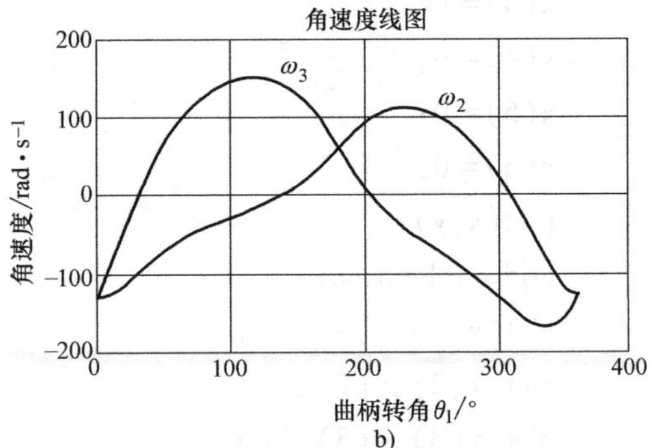

b)

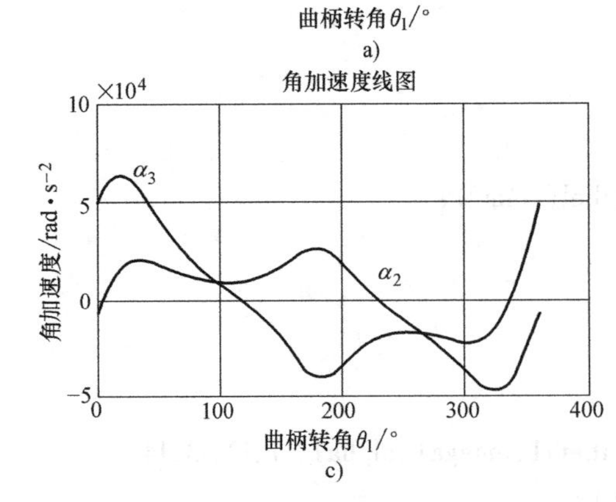

c)

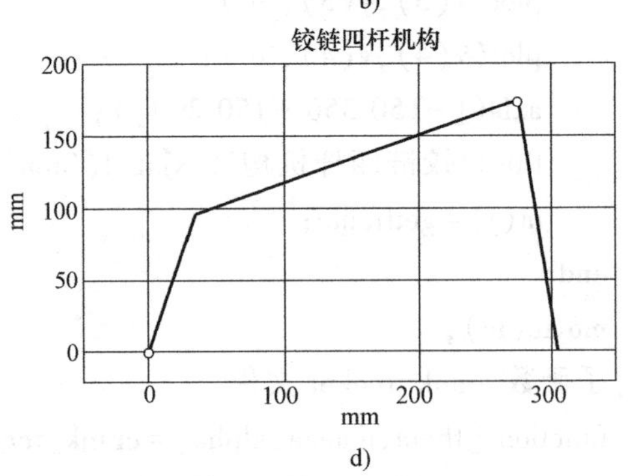

d)

图 3-2　铰链四杆机构运动仿真结果

实验四

基于Matlab的凸轮轮廓曲线设计实验

• 本实验借助于计算机辅助设计凸轮机构，并学习 Matlab 软件在机构设计中的应用，提高学生利用现代计算工具解决机械产品设计问题的能力。

• 建议实验 2 学时。

一、实验目的

1. 掌握凸轮机构运动分析的原理和方法。
2. 掌握设计凸轮轮廓曲线的解析法。
3. 了解现代分析工具和其使用方法。
4. 学会综合分析及独立解决工程实际问题的方法。

二、实验设备和工具

1. 凸轮机构模型若干个。
2. 三角尺、圆规、铅笔、稿纸等文具。
3. 计算机、Matlab 软件。

三、实验要求

1. 利用解析法对凸轮机构的运动学和动力学参数进行分析。
2. 利用解析法设计凸轮的轮廓曲线。
3. 利用 Matlab 绘制凸轮的轮廓曲线。

四、实验内容

1. 凸轮机构轮廓曲线的数学模型

凸轮是把一种运动形式转化为另一种运动形式的装置。凸轮的轮廓曲线和从动件一起实现运动形式的转换。凸轮通常为定轴转动，并可被转化成摆动、直线运动或是两者的结合。本实验以偏置直动滚子从动件盘形凸轮机构为例，介绍凸轮轮廓曲线的绘制过程。

已知凸轮基圆 r_0，滚子半径 r_r，偏距 e，推杆的运动规律 $s=s(\delta)$，并已知凸轮以匀角速度 ω 逆时针回转，如图 4-1 所示。

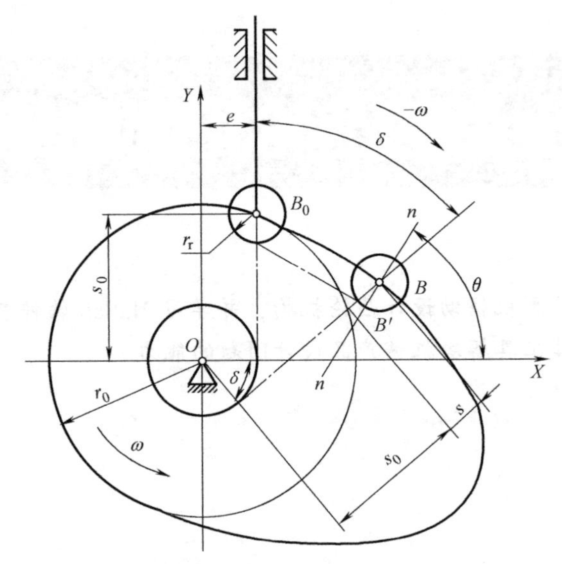

图 4-1　偏置直动滚子从动件盘形凸轮机构

由图 4-1 所示可求出偏置直动滚子从动件盘形凸轮机构理论轮廓上 B 点的直角坐标为

$$\begin{aligned} x &= (s_0+s)\sin\delta + e\cos\delta \\ y &= (s_0+s)\cos\delta - e\sin\delta \end{aligned} \tag{4-1}$$

式中，$s_0=\sqrt{r_0^2-e^2}$。

实际轮廓线上 B' 点的直角坐标为

$$\begin{aligned} x' &= x \mp r_r\cos\theta \\ y' &= y \mp r_r\sin\theta \end{aligned} \tag{4-2}$$

理论轮廓线上 B 点处法线 n—n 的斜率 $\tan\theta$ 为

$$\tan\theta = \frac{dx/d\delta}{-dy/d\delta} \tag{4-3}$$

2. 实例分析

设计一偏置直动滚子从动件盘形凸轮机构。已知偏距 $e=15$mm，基圆半径 $r_0=40$mm，滚子半径 $r_r=10$mm，凸轮的推程运动角为 100°，远休止角为 60°，回程运动角为 90°，近休止角为 110°，从动件在推程中以等加速等减速运动规律上升，升程 $h=60$mm，回程以简谐运动规律返回原处，凸轮逆时针方向回转，从动件偏置于凸轮回转中心的右侧。

（1）程序设计

```
r0=40; %基圆半径
rr=10; %滚子半径
h=60; %行程
e=15; %偏距
delta01=100; %推程运动角-等加速等减速
delta02=60; %远休止角
```

```
delta03=90; %回程运动角-余弦运动
hd=pi/180;du=180/pi;
se=sqrt(r0*r0-e*e);
n1=delta01+delta02;
n3=delta01+delta02+delta03;

%凸轮曲线设计
n=360
for i =1:n
    %计算推杆运动规律
    if i<=delta01/2
        s(i)=2*h*i^2/delta01^2;
        ds(i)=4*h*i*hd/(delta01*hd)^2;ds=ds(i);
    elseif i>delta01/2&i<=delta01
        s(i)=h-2*h*(delta01-i)^2/delta01^2;
        ds(i)=4*h*(delta01-i)*hd/(delta01*hd)^2;ds=ds(i);
    elseif i>delta01&i<=n1
        s(i)=h;ds=0;
    elseif i>n1&i<=n3
        k=i-n1;
        s(i)=0.5*h*(1+cos(pi*k/delta03));
        ds(i)=-0.5*pi*h*sin(pi*k/delta03)/(delta03*hd)^2;ds=ds(i);
        elseif i>n3&i<=n
        s(i)=0;ds=0;
    end
%计算凸轮轨迹曲线
    xx(i)=(se+s(i))*sin(i*hd)+e*cos(i*hd);
    yy(i)=(se+s(i))*cos(i*hd)-e*sin(i*hd);
    dx(i)=(ds-e)*sin(i*hd)+(se+s(i))*cos(i*hd);
    dy(i)=(ds-e)*cos(i*hd)-(se+s(i))*sin(i*hd);
    xp(i)=xx(i)+rr*dy(i)/sqrt(dx(i)^2+dy(i)^2);
    yp(i)=yy(i)-rr*dx(i)/sqrt(dx(i)^2+dy(i)^2);
end

%3. 输出凸轮轮廓曲线
figure(1);
hold on;grid on;axis equal;
axis([-(r0+h-30) (r0+h+10)-(r0+h+10) (r0+rr+10)]);
text(r0+h+3,4,'X');
```

```
text(3,r0+rr+3,'Y');
text(-6,4,'O');
title('偏置直动滚子从动件盘形凸轮设计');
xlabel('x/mm')
ylabel('y/mm')
plot([-(r0+h-40) (r0+h)],[0 0],'k');
plot([0 0],[-(r0+h) (r0+rr)],'k');
plot(xx,yy,'r-');
ct=linspace(0,2*pi);
plot(r0*cos(ct),r0*sin(ct),'g');
plot(e*cos(ct),e*sin(ct),'c-');
plot(e+rr*cos(ct),se+rr*sin(ct),'k');
plot(e,se,'o');
plot([e e],[se se+30],'k');
plot(xp,yp,'b');

%凸轮机构运动仿真
%计算滚子转角
xp0=(r0-rr)/r0*e;
yp0=(r0-rr)/r0*se;
dss=sqrt(diff(xp).^2+diff(yp).^2);
ss(1)=sqrt((xp(1)-xp0)^2+(xp(1)-yp0)^2);
for i =1:359
    ss(i+1)=ss(i)+dss(i);
end
phi=ss/rr;
%运动仿真开始
figure(2)
m=moviein(20);
j=0;
for i=1:360
    j=j+1;
    delta(i)=i*hd;
    xy=[xp',yp'];
    A1=[cos(delta(i)),sin(delta(i));
        -sin(delta(i)),cos(delta(i))];
    xy=xy*A1;
    clf;
%绘制凸轮
```

```
plot(xy(:,1),xy(:,2));
    hold on;axis equal;
    axis([-(120) (470)-(100) (140)]);
    plot([-(r0+h-40) (r0+h)],[0 0],'k');
    plot([0 0],[-(r0+h) (r0+rr)],'k');
    plot(r0*cos(ct),r0*sin(ct),'g');
    plot(e*cos(ct),e*sin(ct),'c-');
    plot(e+rr*cos(ct),se+s(i)+rr*sin(ct),'k');
    plot([e e+rr*cos(-phi(i))],[se+s(i) se+s(i)+rr*sin(-phi(i))],'k');
    %绘制滚子圆
    plot([e e],[se+s(i) se+s(i)+40],'k');
%绘制从动件运动曲线
    plot([1:360]+r0+h,s+se);
    plot([(r0+h) (r0+h+360)],[se se],'k');
    plot([(r0+h) (r0+h)],[se se+h],'k');
    plot(i+r0+h,s(i)+se,'*');
    title('偏置直动滚子从动件盘形凸轮设计');
    xlabel('x/mm')
    ylabel('y/mm')
    m(j)=getframe;
end
movie(m);
```

（2）运算结果　图 4-2 所示为偏置直动滚子从动件盘形凸轮机构的凸轮轮廓曲线和运动仿真结果。

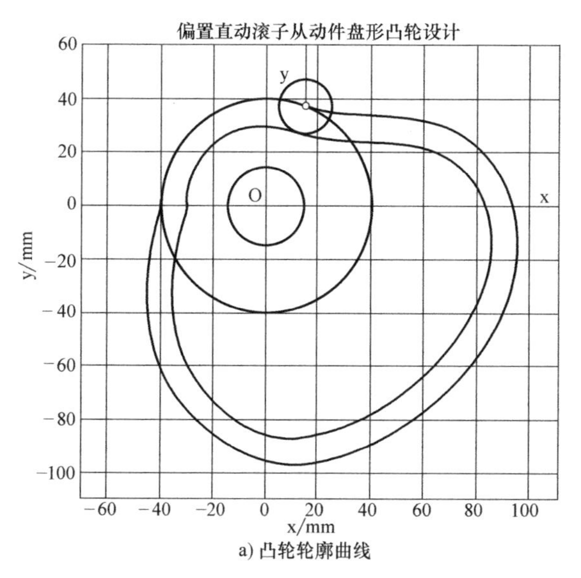

a) 凸轮轮廓曲线

图 4-2　偏置直动滚子从动件盘形凸轮机构仿真设计

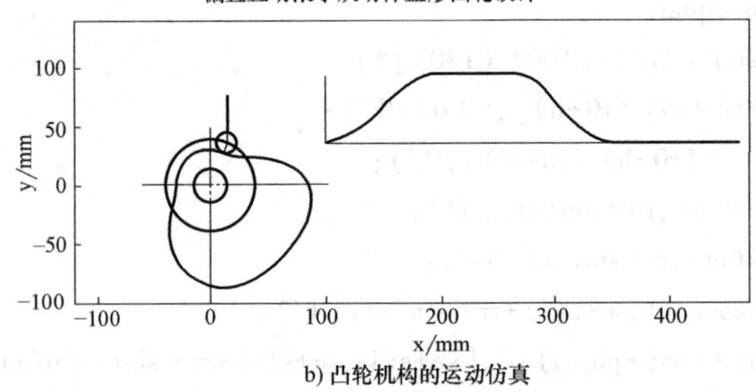

b) 凸轮机构的运动仿真

图 4-2　偏置直动滚子从动件盘形凸轮机构仿真设计（续）

实验五

渐开线齿廓展成实验

- 本实验学习展成法齿轮加工的基本原理，使用圆形齿轮展成仪进行渐开线齿廓加工模拟。
- 建议实验 2 学时。

一、实验目的

1. 掌握用展成法加工渐开线齿廓的基本原理，观察齿廓的渐开线及过渡曲线的形成过程。

2. 了解渐开线齿轮根切现象和齿顶变尖现象的原因，以及用变位修正来避免发生根切的方法。

3. 分析、比较标准齿轮和变位齿轮的异同。

二、实验设备和工具

1. 齿轮范成仪。

2. 自备 ϕ220mm 圆形绘图纸（圆心要标记清楚）、HB 铅笔、橡皮、圆规（必备延伸杆）、三角尺、剪刀、计算器。

三、实验原理

展成法是利用一对齿轮（或齿条与齿轮）相互啮合时其共轭齿廓互为包络线的原理来加工轮齿的方法。实际加工时，使用有渐开线齿轮（或齿条）外形的刀具，与被切削齿轮坯做相对运动，与一对齿轮（或齿条与齿轮）的啮合过程相似，其切制得到的轮齿齿廓就是刀具的切削刃在各个位置的包络线。

实验中范成仪所用的两把刀具模型为齿条型插齿刀，参数分别为 $m=20$mm 和 $m=8$mm，$\alpha=20°$，$h_a^*=1$，$c^*=0.25$。仪器构造简图如图 5-1 所示。圆盘 6 代表齿轮加工机床的工作台；固定在上面的圆形纸代表被加工齿轮的轮坯，它们可以绕机架 5 上的轴线 $O—O$ 转动。齿条刀具 1 代表切齿刀具，安装在滑板 2 上，移动滑板时，齿轮齿条使圆盘 6 相对滑板 2 做

纯滚动。齿条刀具 1 可以相对于圆盘 6 做径向移动，当齿条刀具中线与轮坯分度圆之间相距为 xm 时（由滑板 2 上的刻度指示），分度圆就跟刀具节线相切并做纯滚动，且按相距的大小和方向切制出正变位或负变位齿轮的齿廓。

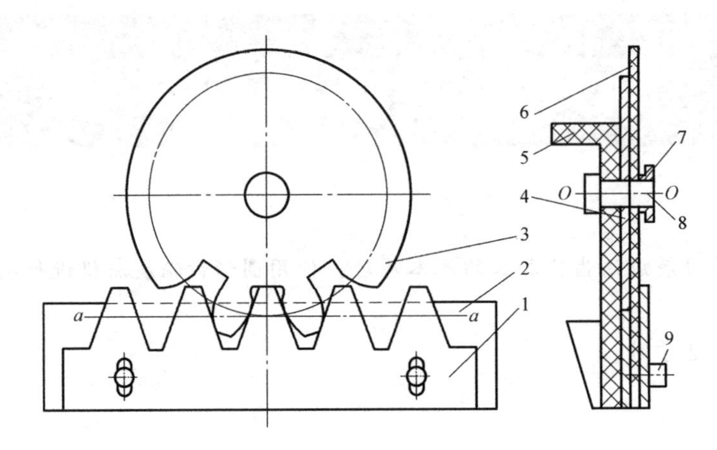

图 5-1　齿轮范成仪结构

1—齿条刀具　2—滑板　3—轮坯　4—齿轮副

5—机架　6—圆盘　7—压紧螺母　8—小轴　9—螺母

四、实验步骤

1）被加工两齿轮的参数分别为 $m=20\text{mm}$，$z=8$ 和 $m=8\text{mm}$，$z=20$，变位系数分别为 $x=0$，$x=+0.53$，分别计算其分度圆、基圆，齿顶圆、齿根圆直径，填入实验报告表内。

2）将 $\phi220\text{mm}$ 圆形图纸分成三等分，即圆心角各为 120°，并轻轻画出各自的角平分线；再画出分度圆、基圆及各自的齿顶圆和齿根圆，并标注清楚其参数及尺寸。

3）将 $m=20\text{mm}$ 的齿条刀具模型和 $\phi220\text{mm}$ 的圆形图纸，安装在齿轮范成仪上。将滑板 2 先移到中间，使 $x=0$ 区间进入被切削范围。为确保轮坯中心与圆盘 6 中心对准，必须使其角平分线与范成仪上的径向线对准，并使刀具中线与轮坯分度圆相切且垂直于角平分线，使刀具顶线与轮坯齿根圆相切。往复移动滑板 2，直到满足以上要求，再拧紧蝶形螺母，压紧轮坯，固定好齿条刀具。移动滑板 2，使刀具某一侧刃线通过轮坯中心，画出轮坯上的径向线。再将滑板 2 移到左边位置进行切削。

4）每当把滑板 2 向右推动一个较小的距离时，在代表轮坯的圆形图纸上，用铅笔笔尖始终紧贴着刀具轮廓描下切削刃的位置，表示齿条插刀切削一次的切削刃痕迹。应控制使其间距匀称，表示等速展成。重复描绘，直到形成 2~3 个完整齿形为止。仔细观察齿廓的形成过程，可清楚地看到被切去的部分成为齿槽，留下的部分即为直线切削刃展成包络而成的渐开线轮齿。当刀具侧刃与事先画好的轮坯径向线重合时，表示轮齿的渐开线齿廓已全部切成，观察径向线内的轮齿根部有无被切去的部分。

5）将滑板退回到左边位置，松开机架 5，将轮坯转到正变位齿轮区间，按步骤 3）的要求调整、定位。但刀具应调整到距离靠近轮坯中心 xm 的地方，刀具顶线与齿根圆相切，

这时与轮坯分度圆相切的是与刀具中线平行的刀具节线。重复以上步骤，绘制出正变位齿轮的轮廓。

6）与步骤5）类似，但齿条刀具应远离轮坯中心 xm。绘制负变位齿轮的齿廓。观察比较标准齿轮、正变位齿轮、负变位齿轮的齿形变化和其齿厚、齿槽宽、齿距、齿顶厚、基圆齿厚、齿顶圆直径、齿根圆直径有无变化，分析相对变化的特点以及根切现象、齿顶变尖现象的原因。

实验六

齿轮几何参数的测定实验

• 本实验通过学习渐开线齿轮基本参数的测定方法，巩固所学齿轮参数的基本知识和计算公式。

• 建议实验2学时。

一、概述

齿轮是最重要的传动零件之一。生产中除了经常接触到齿轮的设计、制造工作以外，在进口设备测绘、零件仿制、设备维修及设计改型中还可能接触到齿轮的另一类工作，即齿轮参数测定。这项工作一般是指没有现成的图样、资料，需要根据齿轮实物，用必要的技术手段和工具（量具、仪器等）进行实物测量，然后通过分析、计算，确定齿轮的基本参数，计算齿轮的有关几何尺寸，从而绘出齿轮的技术图样。

渐开线直齿圆柱齿轮的基本参数有：①齿数（z）；②模数（m）；③压力角（α）；④齿顶高系数（h_a^*）；⑤顶隙系数（c^*）；⑥变位系数（x）。

由于齿轮有模数制和径节制之分，有正常齿和短齿等不同齿制，以及标准齿轮和变位齿轮的区别，压力角的标准值也有差异，所以，齿轮在实测工作中，有一定的难度。在测定前，应做好一系列准备工作。例如，了解设备的生产日期、厂家，齿轮在设备传动中所处的部位等，这是一项比较复杂的工作。

本次实验只要求学生对标准直齿（$h_a^*=1$，$c^*=0.25$）渐开线圆柱齿轮进行简单的测定，确定它的基本参数，初步掌握齿轮参数测定的基本方法。

二、实验目的

1. 运用所学过的齿轮基本知识，掌握测定齿轮基本参数的方法。
2. 进一步巩固齿轮基本尺寸的计算方法，明确参数之间的相互关系和渐开线的有关性质。

三、实验工具

1. 待测齿轮：两个。
2. 量具：游标卡尺、公法线千分尺。

公法线千分尺的应用：公法线千分尺主要用来测量模数大于1mm的外啮合圆柱齿轮的公法线长度，直齿与斜齿都可以测量，其形状与结构类似于外径千分尺，所不同的只是在测量面上安装了两个精确的圆盘形平面量钳，公法线千分尺的分度值为0.01mm。计算公法线长度和齿数的公式如下：

$$L=[2.9521(k-0.5)+0.014z]m \tag{6-1}$$

$$k=0.111z+0.6 \tag{6-2}$$

式中，L为公法线长度；z为齿数；k为跨齿数；m为模数。

公法线千分尺的读数原理及方法：该尺有一对读数套筒（微分筒与刻度套筒）。当千分尺的两个测量面接触时，微分筒的边线正好对准刻度套筒的零线，而刻度套筒的基线正好对准微分筒的零线，这就是所谓的“对零”。当微分筒旋转一周（进或退），两个测量面之间的距离便移动了一个螺距的距离，即0.5mm。微分筒圆周上标刻着50条等分线，每转过一格，两个测量面之间的距离便进或退0.1mm。在刻度套筒的表面，基准线的两侧有两排刻线，间距为1mm，上下刻线相互错开0.5mm。读数分为三步。

1）读出微分筒边线对准刻度套筒上刻线的数值（整数或加0.5mm）。

2）读出刻度套筒基准线对准微分筒上某格的数值，注意如果下排刻线显出，读出十分位时，需加上0.5mm。

3）把前两步读出的数值加起来即可。

四、实验步骤

1. 齿数 z 的确定

直接数出。

2. 测定齿轮齿顶圆直径 d_a 和齿根圆直径 d_f

齿轮齿顶圆直径d_a和齿根圆直径d_f可用游标卡尺测量。为了减少测量误差，同一测量值应在不同位置上测量三次，如在圆周上每隔120°测一数据，然后取其算数平均值，如图6-1所示。直径D和d可用游标卡尺和采用间接测量的方法测出。

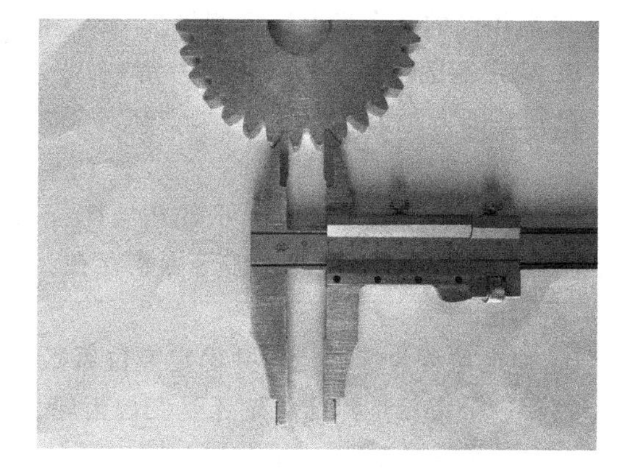

图6-1　卡尺测量齿轮相关参数

1）齿轮为偶数时：d_a和d_f可用游标卡尺直接测出，如图6-2所示。

2）齿轮为奇数时：d_a和d_f需采用间接测量的方法，如图6-3所示。测量出齿轮安装孔直径D，然后分别测量出孔壁到某一齿顶的距离H_1和孔壁到某一齿根的距离H_2，同一数值在不同位置测量三次。求出算数平均值。再按下式计算出d_a和d_f值。

齿顶圆直径：$$d_a=D+2H_1 \tag{6-3}$$

齿根圆直径：$$d_f=D+2H_2 \tag{6-4}$$

偶数齿轮齿高：$$h=(d_a-d_f)/2 \tag{6-5}$$

奇数齿轮齿高：$$h=H_1-H_2 \tag{6-6}$$

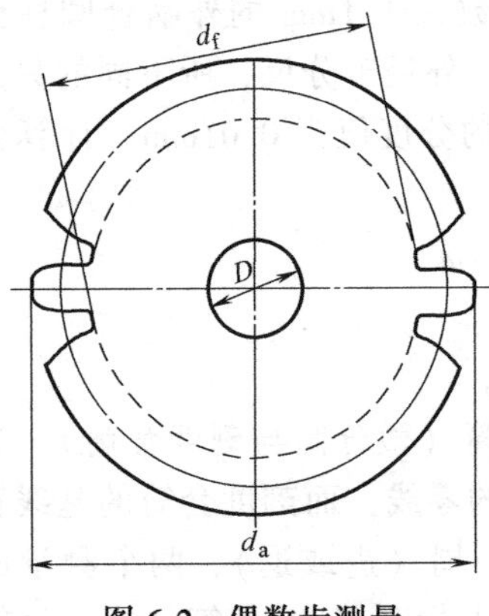

图 6-2 偶数齿测量

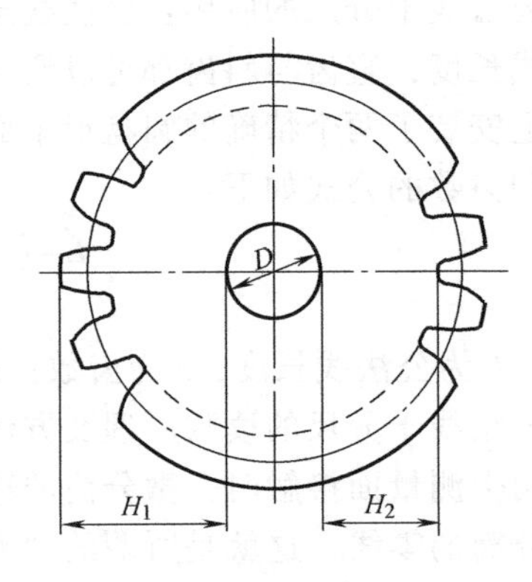

图 6-3 奇数齿测量

3. 计算齿轮模数

已知待测齿轮是标准直齿圆柱齿轮，所以 $h_a^*=1$，$c^*=0.25$。由于齿高 $h=(2h_a^*+c^*)m$。由已测得的齿高可计算出 $m=h/(2h_a^*+c^*)=h/2.25$。

4. 测量公法线长度

测量公法线长度 W 的目的是为了测定基圆齿距 P_b，从而确定齿轮的压力角 α，模数 m 和变位系数 x，这是测定齿轮基本参数的关键项目。公法线长度用公法线千分尺测量。具体测量方法如下：

1）确定跨测齿数 k。根据被测齿轮齿数 z，参考标准齿轮公法线长度选取跨测齿数。通过目测调整，使千分尺卡爪与齿轮渐开线齿廓在分度圆附近相切。

2）用公法线千分尺跨测 k 个齿，量出齿轮公法线长度值 W_k。为了减少测量误差，W_k 应在不同齿上重复测量三次，然后取算数平均值。为了计算基圆齿距 P_b，还需按同样方法测量出 $k+1$ 个齿的公法线长度值 W_{k+1}。考虑到齿轮公法线长度有变动测量误差，测量 W_k 和 W_{k+1} 应在相同的几个齿上进行测量。

5. 确定基圆齿距、模数和压力角

已知基圆齿距公式为

$$P_b=\pi m\cos\alpha \tag{6-7}$$

根据实测的 W_k' 和 W_{k+1}'，可知 $P_b=W_{k+1}-W_k$，然后在基圆齿距表中查找与 P_b 相近的值（由于齿轮制造误差、实测误差等因素存在，P_b' 只能近似等于 P_b），即可确定该齿轮的模数 m 和压力角 α。

6. 判定是否为标准齿轮并确定变位系数

判断一个齿轮是标准齿轮还是变位齿轮，最好用公法线长度测量值 W' 和理论值 W 进行比较。由于齿轮的 z、m、α 已知，所以可从标准齿轮的公法线长度表中查得公法线长度的理论值 W_k。

若 $W_k'=W_k$，则说明被测齿轮为标准齿轮；若 $W_k'\neq W_k$，则被测齿轮为变位齿轮。根据公式：

$$W_k'=W_k+2xm\sin\alpha \tag{6-8}$$

即可求出该齿轮的变位系数 $x=(W_k'-W_k)/(2xm\sin\alpha)$。当 $x>0$ 时，为正变位齿轮，当 $x<0$ 时，为负变位齿轮。

实验七

机构运动方案创新设计实验

● 通过不同的零件组合，构成多种不同的设计方案，充分地发挥学生的想象力和动手能力。

● 建议实验 4 学时。

一、实验目的

1. 加深对机构组成理论的认识，熟悉杆组概念。

2. 利用若干不同的零件，拼接各种不同的平面机构，培养机构运动创新设计意识及综合设计的能力。

3. 提高工程实践动手能力。

二、实验设备和工具

1. 机构运动方案创新设计实验台组件清单（部分）及主要功能

1# 凸轮和高副锁紧弹簧：凸轮基圆半径为 18mm，自动从动件的行程为 30mm，且为正弦加速度运动。凸轮与从动件的高副形成是依靠弹簧力的锁合。

2# 齿轮：$m=2$mm，$\alpha=20°$，$z_1=34$ 和 $z_2=42$，两齿轮中心距 $a=76$mm。

3# 齿条：$m=2$mm，$\alpha=20°$，单根齿条全长为 422mm。

4# 槽轮拨盘，两个主动销。

5# 槽轮：四槽。

6# 主动轴：动力输入用轴，轴上有平键槽。

7# 转动副轴（或滑块）：主要用于跨层面（非相邻平面）的转动副或移动副的形成。

8# 扁头轴：用于从动轴，轴上无键槽，主要起支撑及传递运动的作用。

9# 主动滑块插件：与主动滑块座配用，形成主动滑块。

10# 主动滑块座：与直线电动机齿条固连形成主动件，且随直线电动机齿条做往复直线运动。

11# 连杆（或滑块导向杆）：其长槽与滑块形成移动副，其圆孔与轴形成转动副。

12# 压紧连杆用特制垫片：固定连杆时使用。

13# 转动副轴（或滑块）：与固定转轴块（20#）配用时，可在连杆长槽的某一选定位置形成转动副。

14# 转动副轴（或滑块）：用于两构件形成转动副。

15# 带垫片螺栓：规格 M6，转动副轴与连杆之间构成转动副或移动副时用带垫片螺栓连接。

16# 压紧螺栓：规格 M6，转动副轴与连杆形成同一构件时用压紧螺栓连接。

17# 运动构件层面限位套：用于不同构件运动平面之间的距离限定，避免发生运动构件间的运动干涉。

18# 带轮，主动轴带轮：传递旋转主运动。

19# 盘杆转动轴：盘类零件（如 1#、2#）与其他构件（如连杆）构成转动副时使用。

20# 固定转轴块：用螺栓（21#）将固定转轴块锁紧在连杆长槽上，转动副轴（13#）可与该连杆在选定位置形成转动副。

21# 加长连杆和固定凸轮弹簧用螺栓、螺母：用于锁紧连接件。

22# 曲柄双连杆部件：偏心轮与活动圆环形成转动副时使用，已制作成组合件。

23# 齿条导向板：将齿条夹紧在两块齿条导向板之间，可保证齿轮与齿条的正常啮合。

24# 转动副轴（或滑块）：轴的扁头主要用于两构件形成转动副，轴的圆头主要用于两构件形成移动副。

25# 直线电动机，旋转电动机。

2. 直线电动机及行程开关

直线电动机安装在实验台机架底部，工作速度 10m/s，可沿机架底部的长槽移动电动机。直线电动机的长齿条即为机构直线运动的主动件。在实验中，允许齿条单方向的最大位移为 300mm，可根据主动滑块的位移量确定两行程开关的相对间距，并且将两行程开关的最大安装间距限制在 300mm 内。

3. 直线电动机控制器

控制电路采用低压、微型、密封功率继电器与机械行程开关构成，电动机失控自停，控制器的前面板为 LED 显示方式。当控制器的前面板与操作者是面对面的位置关系时，控制器上的发光管指示直线电动机齿条的移动方向。控制器前面板上设置有正向、反向点动开关，当电动机因故障停止后，可控制电动机回到正常位置，如图 7-1 所示。控制器的后面板上置有带熔丝管的电源线插座及与直线电动机、行程开关相连的 5 芯和 7 芯航空插头。

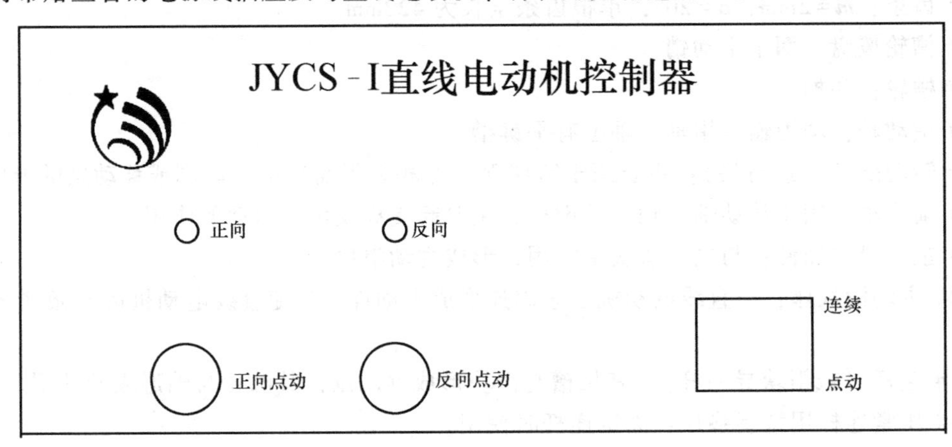

图 7-1　控制器的前面板图

直线电动机控制器使用方法：

1）在直线电动机控制器的外接电源插座开关关闭状态下，将连接行程开关控制线的七芯航空插头，连接直线电动机控制线的五芯航空插头，及电源线插头分别接入控制器后面板相应插座中，将前面板船形开关置于“点动”状态。打开外接插座电源开关，控制器前面板电源指示灯亮。将船形开关切换到“连续”状态，直线电动机正常运转。

2）失控自停控制：为防止电动机偶尔产生失控现象而损坏电动机，在控制器中设计了失控自停功能。当电动机运转失控时，控制器会自动切断电动机电源，电动机停转。此时应将控制器前面板船形开关切换至“点动”状态，按正向点动或反向点动按钮，控制装在电动机齿条上的主动滑块座（10#）回到两行程开关中间位置。然后将控制器船形开关再切换到“连续”状态即可（若电动机较热，最好先让电动机停转一段时间稍做冷却后再进入“连续”状态）。

3）未拼接机构时，预设直线电动机的工作行程后，请务必调整直线电动机行程开关相对电动机齿条上主动滑块座（10#）底部的高度，以确保电动机齿条上的滑块座能碰撞到行程开关，使行程开关能灵活动作，从而防止电动机直齿条脱离电动机主体或断齿，防止所组装的零件损坏和确保人身安全。

4）若出现行程开关失灵情况，请立即切断直线电动机控制器的电源，更换行程开关。

4. 旋转电动机

旋转电动机安装在实验台机架底部，工作转速为10r/min，并可沿机架底部的长槽移动。电动机电源线接入电源接线盒，电源盒上有电源开关。

5. 工具

M5、M6、M8内六角扳手，6in或8in活动扳手，1m卷尺，笔和纸。

6. 主要技术参数

1）交流直线电动机：功率 $P=25\text{W}$，220V，行程 $L=700$。

2）交流旋转电动机：功率 $P=90\text{W}$，220V，工作转速 $n=10\text{r/min}$。

3）拼接机构运动方式：手动、电动机带动（含旋转运动、直线运动）。

4）机架、零部件主要材质：Q235钢，45钢表面镀铬。

5）电源：AC 220V 50Hz。

三、实验原理

机构组成原理：任何机构都可以看成是由若干个基本杆组连接于原动件和机架上构成的。任何机构都是由机架、原动件和从动件，通过运动副连接而成。机构的自由度数应等于原动件数，因此闭环机构从动件系统的自由度数必等于零。而整个从动件系统又往往可以分解为若干个不可再分的、自由度数为零的构件组，称为组成机构的基本杆组，简称杆组。

基本杆组满足的条件：

$$F=3n-2P_L-P_H=0$$

1. 正确拆分杆组的三个步骤

1）先去掉机构中的局部自由度和虚约束，有时将高副低代。

2）计算机构的自由度数，确定原动件。

3）从远离原动件的一端（即执行机构）先试拆分Ⅱ级杆组，若拆不出Ⅱ级杆组，再试拆Ⅲ级杆组，即由最低级别杆组向高一级别杆组依次拆分，最后剩下原动件和机架。

如图 7-2 所示机构，可先除去 K 处的局部自由度。然后按步骤 2）计算机构的自由度数 $F=1$，并确定凸轮为原动件。最后根据步骤 3）的要领，先拆分出由构件 4 和 5 组成的Ⅱ级杆组，再拆分出由构件 6 和 7 及构件 3 和 2 组成的两个Ⅱ级杆组，及由构件 8 组成的单构件高副杆组，最后剩下原动件 1 和机架 9。

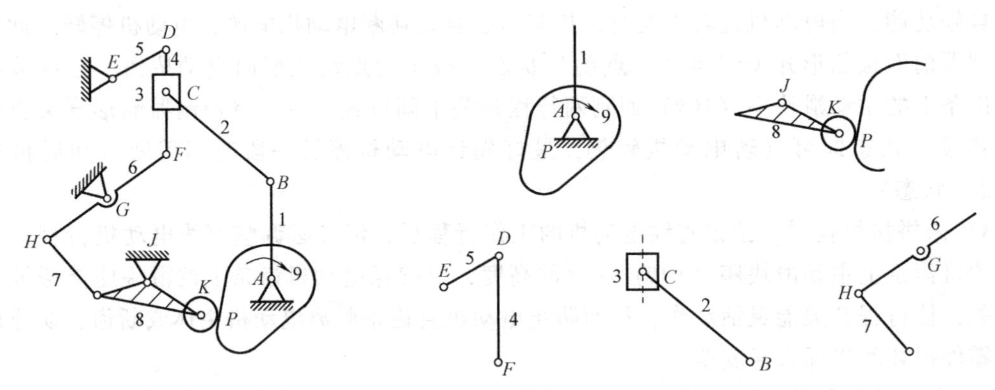

图 7-2　杆组拆分图

2. 正确拼装杆组

由实验中获得的机构运动学尺寸，利用机构运动方案创新设计实验台提供的零件，按机构运动的传递顺序进行拼接。拼接时，首先要分清机构中各构件所占据的运动平面，其目的是避免各运动构件发生干涉；然后，以实验台机架铅垂面为拼接的起始参考面，按预定拼接计划进行拼接。拼接中应注意各构件的运动平面是平行的，所拼接机构的外伸运动层面数越少，运动越平稳，为此，建议机构中各构件的运动层面以交错层的排列方式进行拼接。

1）实验台机架中有五根铅垂立柱，可沿 x 方向移动（图 7-3）。移动时请用双手推动，尽可能使立柱在移动过程中保持铅垂状态。立柱移动到预定的位置后，将立柱上、下两端的螺栓锁紧（不允许将立柱上、下两端的螺栓卸下，在移动立柱前只需将螺栓拧松即可）。立柱上的滑块可沿 y 方向移动。将滑块移动到预定的位置后，用螺栓将滑块锁紧在立柱上。按上述方法即可在 x、y 平面内确定活动构件相对机架的连接位置。面对操作者的机架铅垂面称为拼接起始参考面。

2）轴相对机架的拼接（如图 7-4 中所示的编号与“机构运动方案创新设计实验台组件清单”序号相同）。有螺纹端的轴颈可以插入滑块 28#上的铜套孔内，通过平垫片、防脱螺母 34#的连接与机架形成转动副或与机架固定。若按图 7-4 所示拼接，6#主动轴或 8#扁头轴相对机架固定；若不使用平垫片，则 6#主动轴或 8#扁头轴相对机架做旋转运动。拼接时可根据需要确定是否使用平垫片。

3）转动副的拼接（如图 7-5 中所示的编号与“机构运动方案创新设计实验台组件清单”序号相同）。若要两连杆间形成转动副，可按图 7-5 所示方式拼接。其中，转动副轴 14#的扁平轴颈可分别插入两连杆 11#的圆孔内，用压紧螺栓 16#、带垫片螺栓 15#与转动副轴 14#端面上的螺孔连接。这样，连杆被压紧螺栓 16#固定在转动副轴 14#的轴颈上，而与带垫片螺栓 15#相连接的连杆 11#相对另一连杆转动。

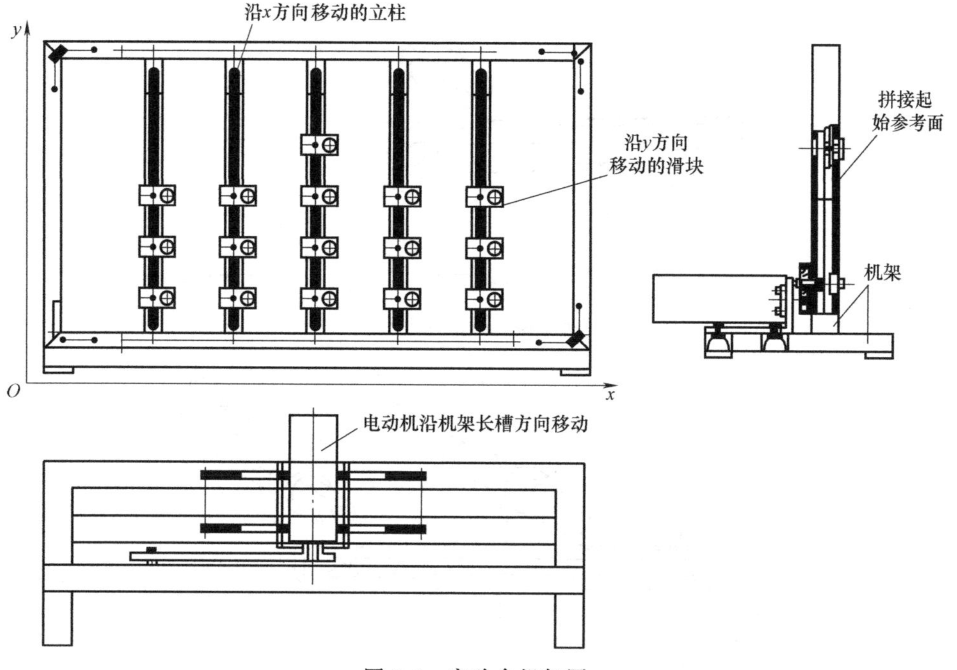

图 7-3　实验台机架图

4）移动副的拼接。如图 7-6 所示，转动副轴 24#的圆轴颈端插入连杆 11#的长槽中，通过带垫片螺栓 15#连接，转动副轴 24#可与连杆 11#形成移动副。

转动副轴 24#的另一扁平轴颈可与其他构件形成转动副或移动副。根据实际拼接的需要，也可选用转动副轴 7#或转动副轴 14#代替转动副轴 24#作为滑块。

另一种形成移动副的拼接方式如图 7-7 所示。选用两根轴（主动轴 6#或扁头轴 8#），将轴固定在机架上，然后再将连杆 11#的长槽插入两轴的扁平轴颈端，旋入带垫片螺栓 15#，则连杆相对机架做移动运动。

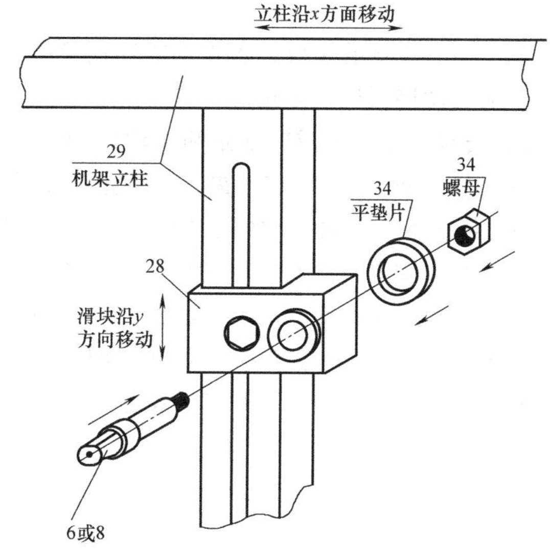

图 7-4　轴相对机架的拼接图

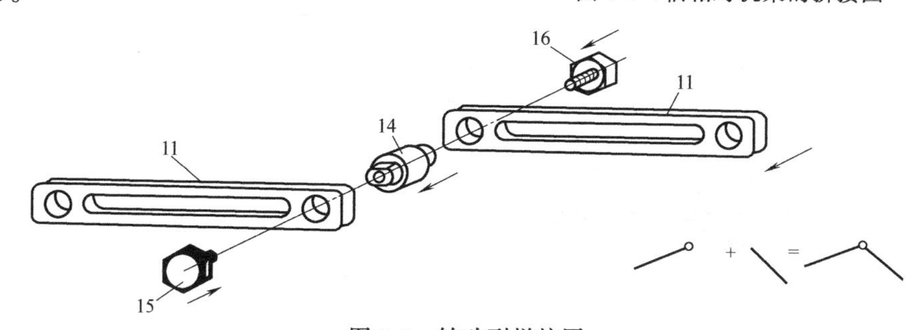

图 7-5　转动副拼接图

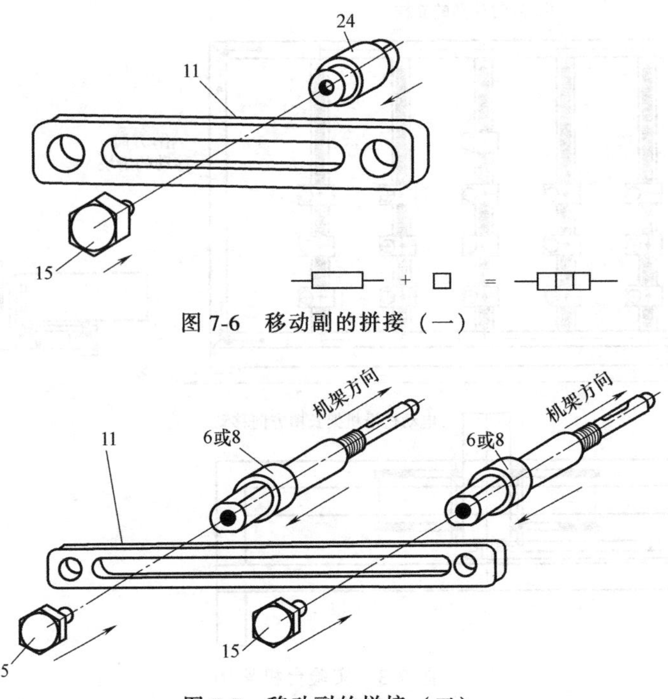

图 7-6　移动副的拼接（一）

图 7-7　移动副的拼接（二）

根据实际拼接的需要，若选用的轴颈较长，此时需选用相应的运动构件层面限位套 17#对构件的运动层面进行限位。

5）滑块与连杆组成转动副和移动副的拼接。如图 7-8 所示的拼接效果是滑块 13#的扁平轴颈处与连杆 11#形成移动副。在固定转轴块 20#，加长连杆和固定凸轮弹簧用螺栓、螺母 21#的帮助下，滑块 13#的圆轴颈处与另一连杆在连杆长槽的某一位置形成转动副。首先用加长连杆和固定凸轮弹簧用螺栓、螺母 21#将固定转轴块 20#锁定在连杆 11#的侧面，再将滑块 13#的圆轴颈插入固定转轴块 20#的圆孔及连杆 11#的长槽中，用带垫片螺栓 15#旋入滑块 13#的圆轴颈端的螺孔中，滑块 13#与连杆 11#形成转动副。将滑块 13#扁头轴颈插入另一连杆的长槽中，将带垫片螺栓 15#旋入滑块 13#的扁平轴端螺孔中，滑块 13#与另一连杆

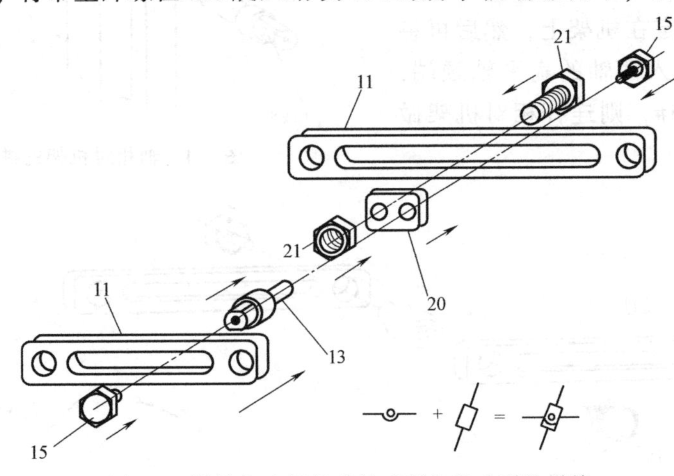

图 7-8　滑块与连杆组成转动副和移动副的拼接

11#形成移动副。

6）齿轮与轴的拼接（如图 7-9 中所示的编号与“机构运动方案创新设计实验台组件清单”序号相同）。如图 7-9 所示，齿轮 2#装入主动轴 6#或扁头轴 8#时，应紧靠轴（或运动构件层面限位套 17#）的根部，以防止造成构件的运动层面距离的累积误差。按图 7-9 所示连接好后，用内六角紧定螺钉 27#将齿轮固定在轴上（螺钉应压紧在轴的平面上）。这样，齿轮与轴形成一个构件。

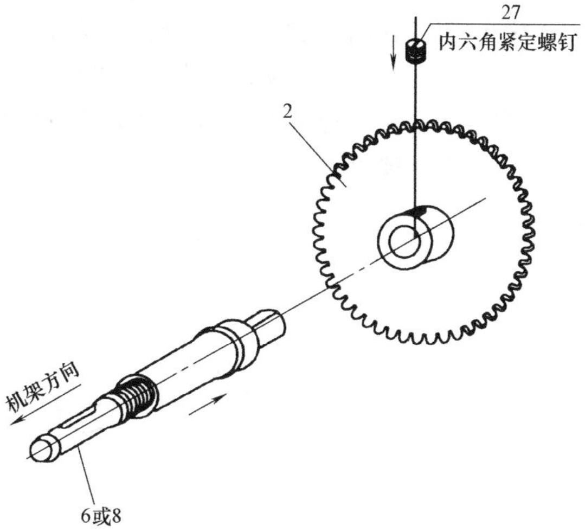

图 7-9　齿轮与轴的拼接图

四、机构创新实验

1. 自动车床送料机构

结构说明：由凸轮与连杆组合成组合式机构。如图 7-10 所示，由平底直动从动件盘形凸轮机构与连杆机构组成。当凸轮转动时，推动杆 5 往复移动，通过连杆 4 与摆杆 3 及滑块 2 带动从动件 1（推料杆）作周期性往复直线运动。

工作特点：凸轮为主动件，能够实现较复杂的运动规律。

应用举例：自动车床送料及进刀机构。

2. 六杆机构

结构说明：如图 7-11 所示，由曲柄摇杆机构 1-2-3-6 与摆动导杆机构 3-4-5-6 组成六杆机构。曲柄 1 为主动件，摆杆 5 为从动件。

工作特点：当曲柄 1 连续转动时，通过连杆 2 使摆杆 3 做一定角度的摆动，再通过导杆机构使摆杆 5 的摆角增大。

应用举例：缝纫机摆梭机构。

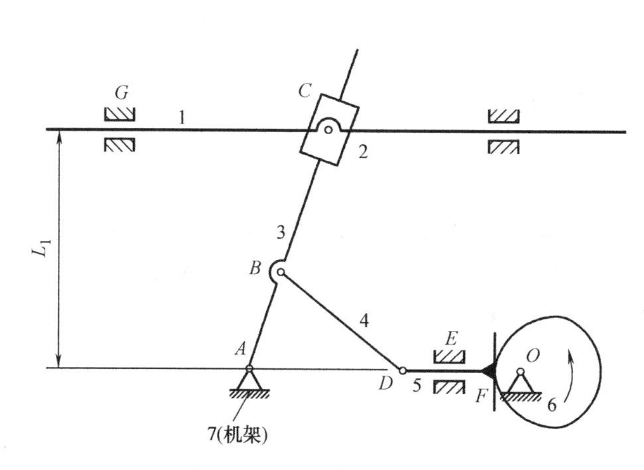

图 7-10　自动车床送料机构

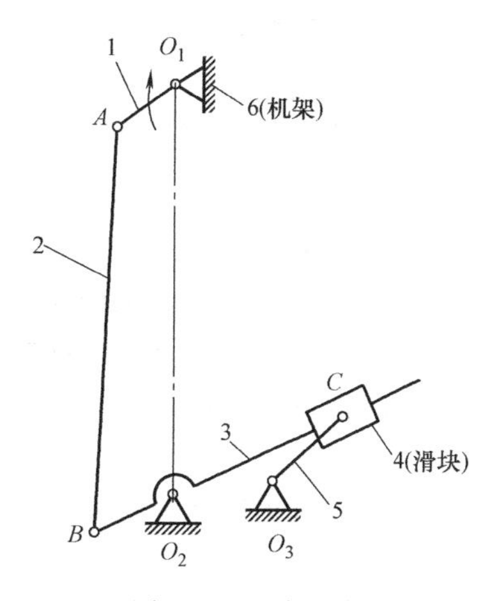

图 7-11　六杆机构

3. **转动导杆与凸轮放大升程机构**

结构说明：如图 7-12 所示，曲柄 1 为主动件，凸轮 3 和导杆 2 固连。

工作特点：当曲柄 1 从图示位置顺时针转过 90°时，导杆 2 和凸轮 3 一起转过 180°。图示机构常用于凸轮升程较大，而升程角受到某些因素的限制不能太大的情况。该机构制造安装简单，工作性能可靠。

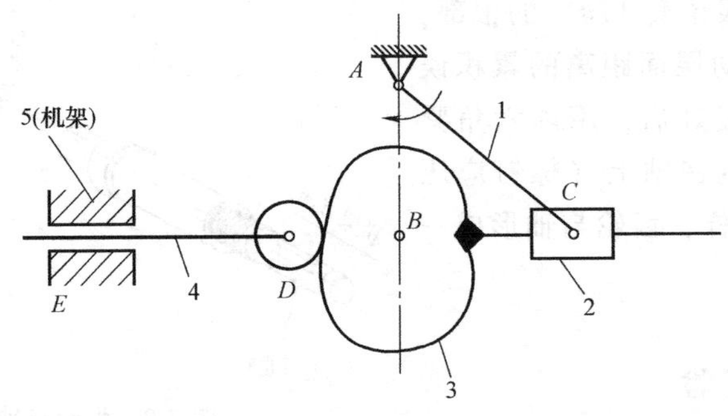

图 7-12　转动导杆与凸轮放大升程机构

4. **冲压送料机构**

结构说明：如图 7-13 所示，1-2-3-4-5-9 组成导杆摇杆滑块冲压机构，由 1-8-7-6-9 组成齿轮凸轮送料机构。冲压机构是在导杆机构的基础上串联一个摇杆滑块机构组合而成的。

工作特点：导杆机构按给定的行程速度变化系数设计，它和摇杆滑块机构组合可达到工作段近于匀速的要求。适当选择导路位置，可使工作段压力角 α 较小。在工程设计中，按机构运动循环图确定凸轮工作角和从动件运动规律，则机构可在预定时间将工件送至待加工位置。

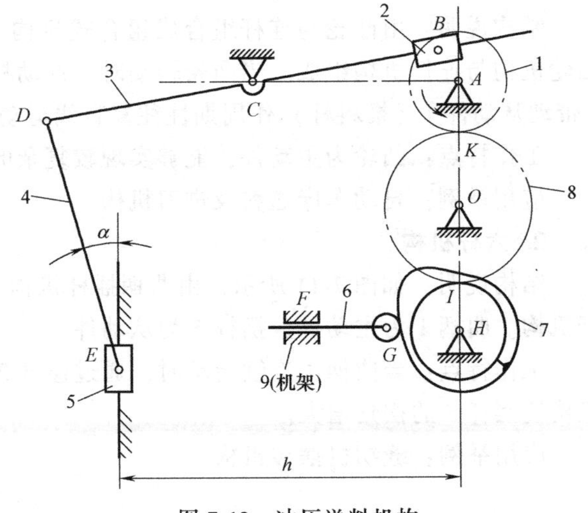

图 7-13　冲压送料机构

五、实验方法与步骤（仅供实验中参考）

1. 掌握实验原理。

2. 根据上述“二、实验设备和工具”的内容介绍熟悉实验设备的零件组成及零件功用。

3. 自拟机构运动方案或选择实验指导书中提供的机构运动方案作为拼接实验内容。

4. 将拟订的机构运动方案根据机构组成原理按杆组进行正确拆分，并用机构运动简图表示。

5. 拼装机构运动方案。

实验八

动平衡实验

● 本实验利用高精度的压电晶体传感器进行动平衡测量，并通过先进的计算机虚拟测试技术、数字信号处理技术和小信号提取方法，达到实现动平衡检测目的。

● 建议实验 2 学时。

一、实验主要特点与工作原理

1. 主要特点

本实验利用高精度的压电晶体传感器进行动平衡测量，并通过先进的计算机虚拟测试技术、数字信号处理技术和小信号提取方法，实现自动化动平衡检测目的。本实验不但能得出实验结果，而且可以通过动态实时检测曲线了解实验的过程，通过人机对话的方式生动、形象地完成检测过程。

2. 工作原理及系统组成

转子动平衡检测一般用于轴向宽度 B 与直径 D 的比值大于 0.2 的转子（小于 0.2 的转子适用于静平衡）。转子动平衡检测时，必须同时考虑其惯性力和惯性力偶的平衡，即 $P_i=0$，$M_i=0$。如图 8-1 所示，设一回转构件的偏心重 Q_1 及 Q_2 分别位于平面 1 和平面 2 内，r_1 及 r_2 为其回转半径。当回转体以等角速度回转时，它们将产生离心惯性力 P_1 及 P_2，形成一空间力系。

由理论力学可知，一个力可以分解为与它平行的两个分力。因此可以根据该回转体的结

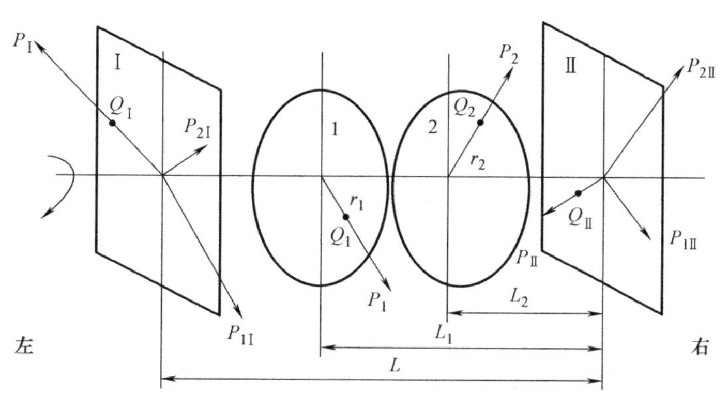

图 8-1　动平衡原理图

构，选定两个平衡基面Ⅰ和Ⅱ作为安装配重的平面。将上述离心惯性力分别分解到平面Ⅰ和Ⅱ内，即将力 P_1 及 P_2 分解为 $P_{1\mathrm{I}}$、$P_{2\mathrm{I}}$（在平面Ⅰ内）及 $P_{1\mathrm{II}}$、$P_{2\mathrm{II}}$（在平面Ⅱ内）。这样就可以把空间力系的平衡问题转化为两个平面汇交力系的平衡问题。显然，只要在平面Ⅰ和Ⅱ内各加入一个合适的配重 Q_{I} 和 Q_{II}，使两平面内的惯性力之和均等于零，构件也就平衡了。

二、实验设备和工具

自动动平衡机结构如图 8-2 所示。测试系统由计算机、数据采集器、高灵敏度有源压电力传感器和光电相位传感器等组成。当被测转子在部件上被拖动旋转后，由于转子的中心惯性主轴与其旋转轴线存在偏移而产生不平衡离心力，迫使支撑做受迫振动，安装在左右两个硬支撑机架上的两个有源压电力传感器感受此力而发生机电换能，产生两路包含有不平衡信息的电信号输出到数据采集装置的两个信号输入端；与此同时，安装在转子上方的光电相位传感器产生与转子旋转同频同相的参考信号，通过数据采集器输入到计算机。

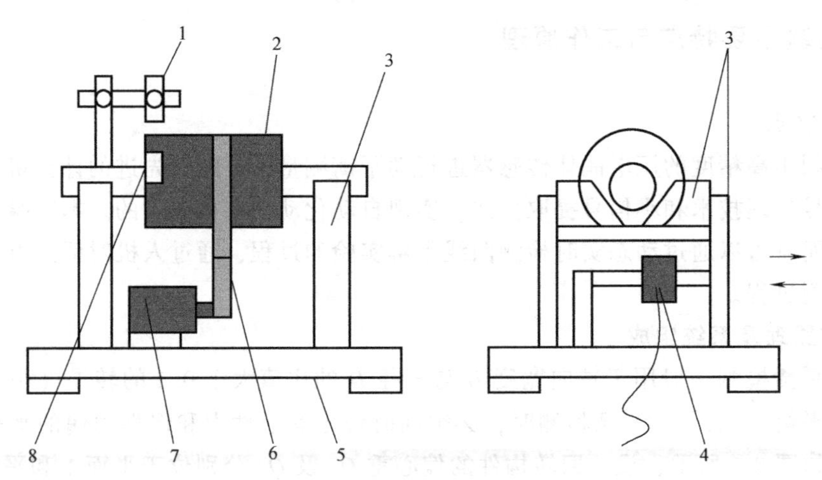

图 8-2　自动动平衡机结构

1—光电传感器　2—被测转子　3—硬支撑摆架组件　4—压力传感器
5—减振底座　6—传动带　7—电动机　8—零位标志

计算机通过采集器采集此三路信号，由虚拟仪器进行前置处理、跟踪滤波、幅度调整、相关处理、FFT 变换、校正面之间的分离解算、最小二乘加权处理等。最终得到左右两面的不平衡量（g），校正角（°），以及实测转速（r/min）。

三、软件运行环境及主要软件界面操作

1. 软件界面介绍

软件界面如图 8-3 所示。图 8-3 中，1 为转子参数输入区，在计算偏心位置和偏心量时，需要用户输入当前转子的各种尺寸，如图中所示的尺寸，输入数值均是以毫米（mm）为单位的。2 为转子结构显示区，用户可以通过双击当前显示的转子结构图，直接进入转子结构

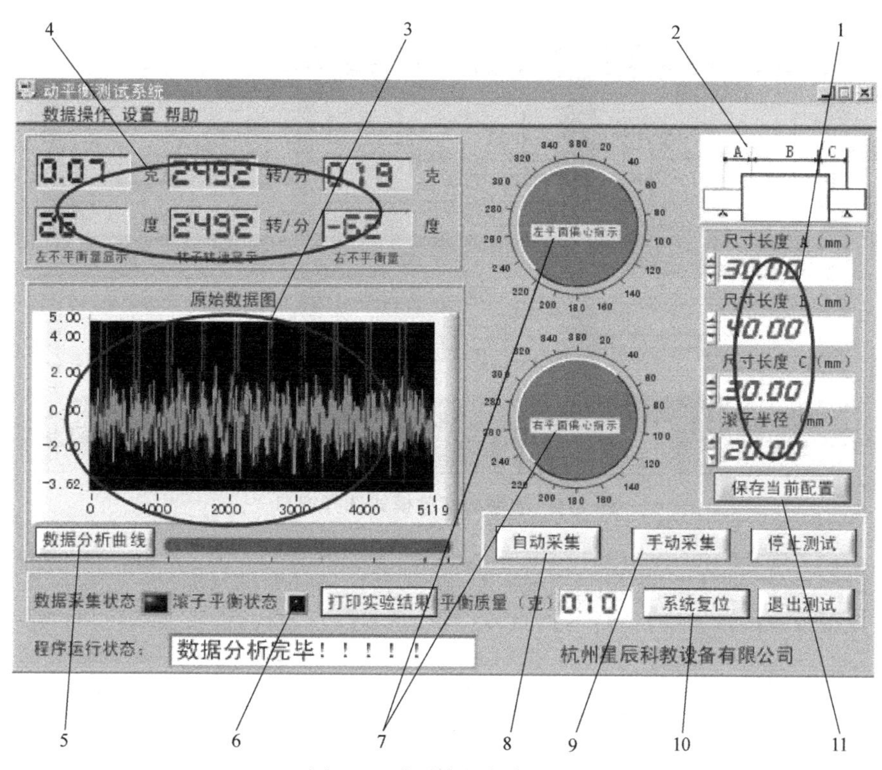

图 8-3　动平衡机软件界面

选择界面，选择需要的转子结构。3 为原始数据显示区，该区域用来显示当前采集的数据或者调入的数据的原始曲线。该曲线反映机械振动的实际情况，根据转子偏心的大小，在原始曲线上用户可以看出一些周期性的振动规律。4 为测试结果显示区，包括左右不平衡量显示、转子转速显示、不平衡方位显示。5 为数据分析曲线显示按钮，通过该按钮可以进入详细曲线显示界面。6 为滚子平衡状态指示灯，可指示检测后的转子的状态，灰色为没有达到平衡，蓝色为已经达到平衡状态。平衡状态的标准通过“允许不平衡质量”栏由用户设定。7 为左右两面不平衡量角度指示图，指针指示的方位为偏重的位置角度。8 为自动采集按钮，采用连续动态采集方式，直到停止测试按钮按下为止。9 为手动采集按钮。10 为系统复位按钮，可清除数据及曲线，进行重新测试。11 为工件几何尺寸保存按钮，单击该按钮可以保存设置数据（重新开机数据不变）。

2. 模式选择界面

如图 8-4 所示，可以通过鼠标选择相应的转子结构来进行实验。每一种结构对应了一个计算模型，选择了转子结构同时也选择了该结构的计算方法。

3. 仪器标定窗口

进行标定的前提是有一个已经平衡了的转子，在已经平衡了的转子上的 A、B 两面加上偏心质量，所加的质量（不平衡量）及偏角（方位角）可从仪器标定窗口（图 8-5）输入。启动装置后，通过单击开始标定采集按钮开始标定的第一步，这里需要注意的是所有的操作是针对同一结构的转子进行的，以后进行转子动平衡时应该是同一种结构的转子，如果转子的结构不同则需要重新标定。测量次数由用户设定，次数越多标定的时间越长，一般 5~10

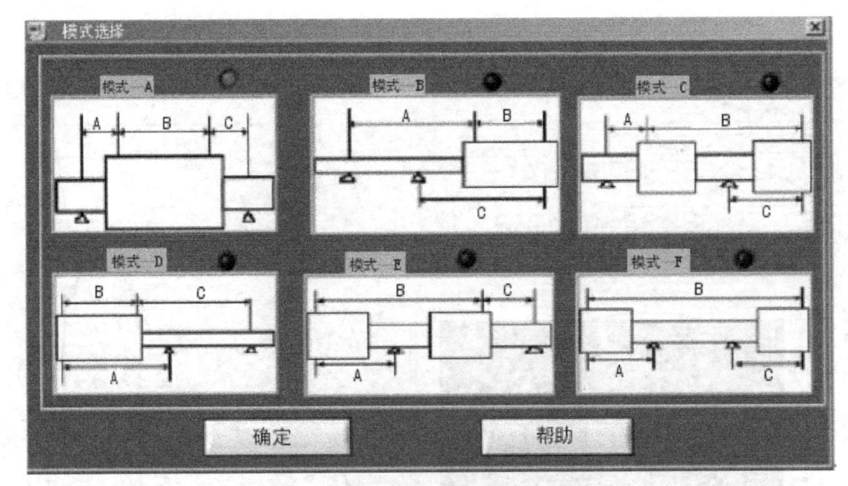

图 8-4　动平衡实验模式选择窗口

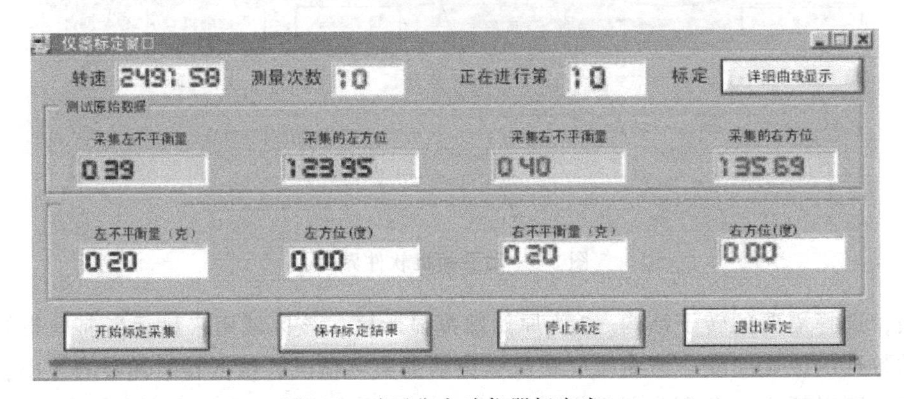

图 8-5　动平衡实验仪器标定窗口

次。测试原始数据栏是用户观察数据栏，只要有数据就表示正常，反之为不正常。单击详细曲线显示按钮用户可观察标定过程中数据的动态变化过程，来判断标定数据的准确性。

在数据采集完成后，计算机采集并计算的结果位于显示区，用户可以将手动添加的实际不平衡量和实际的不平衡位置输入文本框中，输入完成后可按保存标定结果按钮和退出标定按钮完成本次标定。

4. 数据分析窗口

单击数据分析曲线按钮（图 8-3)，可详细了解数据分析过程。动平衡实验采集数据分析窗口如图 8-6 所示。

滤波后曲线：显示滤波后的曲线，横坐标为离散点，纵坐标为幅值。

频谱分析图：显示 FFT 变换左右支撑振动信号的幅值谱，横坐标为频率，纵坐标为幅值。

实际偏心量的分布图：自动检测时，动态显示每次测试的偏心量的变化情况。横坐标为测量点数，纵坐标为幅值。

实际相位分布图：自动检测时，动态显示每次测试的偏心相位角的变化情况。横坐标为测量点数，纵坐标为偏心角度。

最下端显示栏显示出每次测量时转速、偏心量、偏心角的数值。

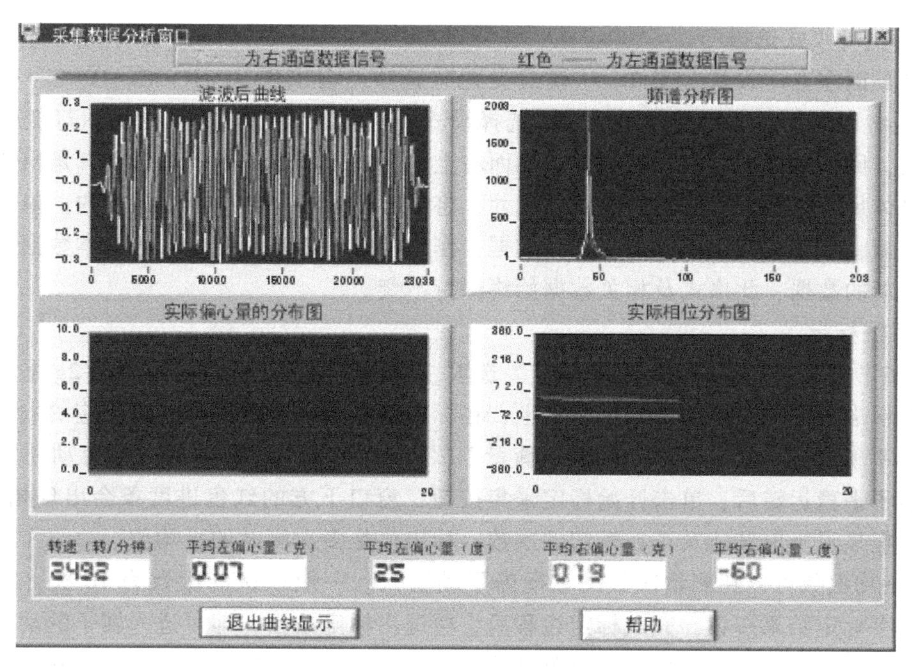

图 8-6　动平衡实验采集数据分析窗口

四、动平衡实验操作步骤

1. 正常启动动平衡实验系统

动平衡实验界面如图 8-7 所示。

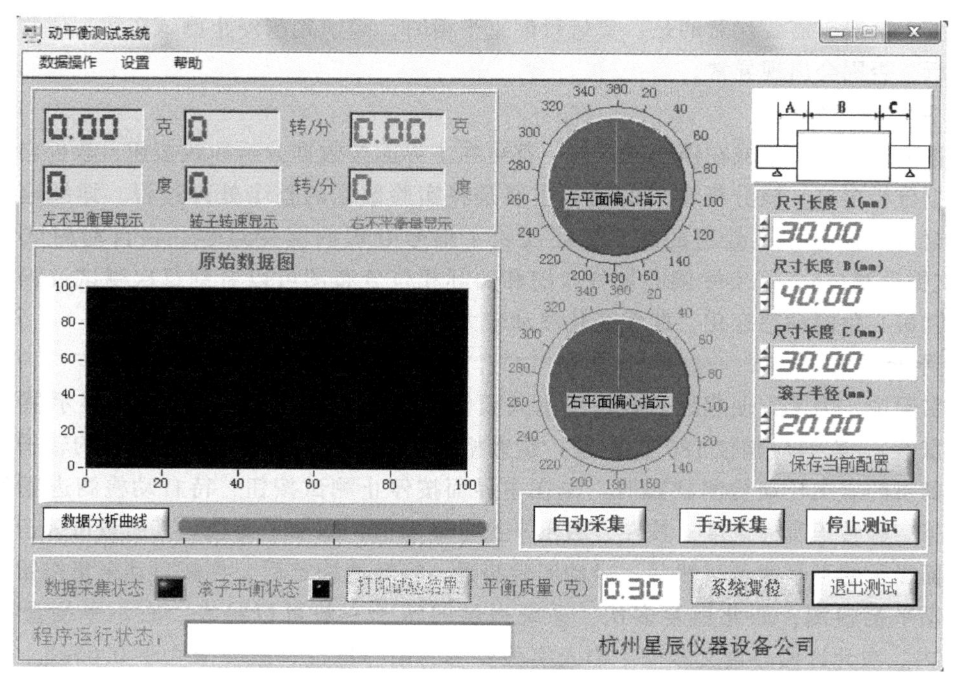

图 8-7　动平衡实验界面

2. 平衡件模式选择

单击界面左上“设置”菜单→“模式设置”选项，会出现A、B、C、D、E、F六种模式（图8-4）。根据动平衡工件的形状，选择模式。选中的模型右上角的指示灯变红，单击确定按钮，回到软件主界面。在软件主界面右上角会显示所选定的模型形状。量出所要平衡工件的具体尺寸，并根据平衡件的具体尺寸，将数字输入右侧相应的文本框内。单击保存当前配置按钮，仪器就能记录、保存这些数据，作为平衡件相应平衡公式的基本数据。只要不重新输入新的数据，此格式及相关数据始终保持不变。

3. 系统标定

1）单击“设置”菜单→“系统标定”选项，出现仪器标定窗口。将两块2g重的磁铁分别放置在标准转子左右两侧的零度位置上，在标定数据输入文本框内，将相应的数值分别输入“左不平衡量”“左方位”“右不平衡量”及“右方位”的文本框内，启动动平衡实验机，待转子平稳运转后，单击开始标定采集按钮，窗口下方的红色进度条会出现相应变化，上方显示框显示当前转速及正在标定的次数，标定值是多次测试的平均值。

2）平均次数可以在测量次数文本框内手动输入，一般默认的次数为10次。标定结束后应按保存标定结果按钮，完成标定过程后，按退出标定按钮，即可进入转子的动平衡实际检测。标定测试时，在仪器标定窗口测试原始数据栏内显示的四组数据，是左右两个支撑输出的原始数据。如在转子左右两侧，同一角度，输入同样质量的不平衡块，而显示的两组数据相差甚远，应适当调整两面支撑传感器的紧定螺钉，可减少测试的误差。

4. 动平衡测试

1）手动（单次）测试。手动测试为单次检测，检测一次系统自动停止，并显示测试结果。

2）自动（循环）测试。自动测试为多次循环测试。按数据分析曲线按钮，可以显示测试曲线变化情况。需要注意的是：要进行配重平衡时，必须先按停止测试按钮，使软件系统停止运行，否则会出现异常。

5. 实验曲线分析

在数据采集过程中或在停止测试时，都可在主界面按数据分析曲线按钮，软件会切换到采集数据分析窗口。该分析窗口的功能主要是将实验数据的整个处理过程，详细地展示出来。该窗口不仅显示了处理的结果，还反映了信号处理的演变过程。在自动测试情况下（即多次循环测试），从实际偏心量分布图和实际相位分布图可以看到每次测试过程当中的偏心量和偏心角的动态变化，曲线变化波动较大说明系统不稳定要进行调整。

6. 平衡过程

本实验中，为了方便起见一般是用永久磁铁配重。根据左、右不平衡量显示值（显示值为去重值），在对应相位180°的位置，添置相应数量的永久磁铁，使不平衡的转子达到动态平衡的目的。在自动检测状态时，先在主界面按停止测试按钮，待自动检测进度条停止后，根据实验转子所标刻度，按左、右不平衡量显示值，添加平衡块。其质量可等于或略小于主界面显示的不平衡量，然后，启动实验装置，待转速稳定后，再按自动采集按钮，进行第二次动平衡检测，如此反复多次，系统提供的转子一般可以将左、右不平衡量控制在0.1g以内。在允许偏心量文本框中输入实验要求的偏心量（一般要求大于0.05g）。当“滚子平衡状态”指示灯由灰色变蓝色时，说明转子已经达到了所要求的平衡状态。

由于动平衡数学模型计算值与实际动平衡工件及其所加平衡块的参数存在误差，因此动平衡实验的过程是个逐步逼近的过程。

7. 动平衡实验操作示例

1）在安装好密码狗的情况下，启动实验台和计算机。

2）启动软件进入主界面，然后打开电动机电源开关，单击开始测试按钮。这时应看到绿、白、蓝三路信号曲线。如没有应检查传感器。

3）三路信号正常后单击退出测试按钮，退出测试程序，进入实验状态。

4）测量尺寸长度 A、B、C 及转（滚）子半径尺寸并输入各自文本框中，然后单击“设置”菜单→“系统标定”选项进入系统标定界面，在标定数据文本框中输入左右不平衡量及左右方位度数（一般以实验提供的最大质量永久磁铁 2g 进行标定，方位放在 0°），数据输入后单击开始标定采集按钮开始采集。这时可以单击详细曲线显示按钮，显示曲线动态过程。等测试十次后自动停止测试。单击保存标定结果按钮，回到主界面。

5）单击自动采集按钮，采集 35 次数据，比较稳定后单击停止测试按钮。以左右配重 1.2g 为例，左边放在 0°，右边放在 270°相位位置，然后在左边 180°处配重 1.2g，在右边 280°对面，即 100°（280°+180°-360°=100°）处配重 1.2g，单击自动采集按钮。采集 35 次后单击停止测试按钮。若设定左、右不平衡量≤0.3g 时为达到平衡要求，此时左边还没平衡右边已平衡，在左边 283°对面，即 103°处配重 0.4g，单击自动采集按钮，采集 35 次后数据见表 8-1。

表 8-1　采集结果

0.16g	1168r	0.13g
-17°	1168r	-94°

这时两边都≤0.3g，“滚子平衡状态”指示灯出现红色标志，单击停止测试按钮完成测试。

单击打印实验结果按钮，输出动平衡实验报表，结束实验。

实验九

机械零件认知实验

● 本实验通过参观实验室零件实物和模型，认识零件的结构、类型、特点及应用，增强对各种零部件的结构及机器的感性认识。

● 建议实验2学时。

一、实验目的

1. 了解各种常用零件的结构、类型、特点及应用。
2. 了解机器的组成，增强对各种机械零部件的结构及机器的感性认识。

二、实验设备和工具

机械设计陈列柜。

三、实验方法

通过对机械设计陈列柜中各种零件的观察，认识机器中常用的零件，增强对机械零件的感性认识，并通过认真观察陈列的机械设备及机器模型，认识到机械设备的基本组成要素。

四、实验内容

1. 连接类零件

连接方式包括螺纹连接、键连接、花键连接、过盈连接、销连接、铆接、焊接、胶接等。螺纹连接和螺纹传动都是利用螺纹工作的。螺纹连接的主要用途是用于紧固零件，以保证连接强度及连接可靠性。螺纹传动主要作为传动件使用，要求保证螺旋副的传动精度、效率和磨损寿命等。

键是一种标准零件，通常用于实现轴与轮毂之间的周向固定，并传递转矩。陈列柜中有键连接的几种主要类型，依次为普通平键连接，导向平键连接，滑键连接，半圆键连接和切向键连接等。在这些键连接中，普通平键应用最为广泛。

花键连接是由外花键和内花键组成的。花键连接按其齿形不同，分为矩形花键、渐开线

花键，它们都已标准化。花键连接虽然可以看作是多个平键连接，但由于其结构与制造工艺不同，所以在强度和使用上表现出完全不同的特点。

凡是轴与毂的连接不用键或花键时统称为无键连接。陈列柜中的型面连接模型，就属于无键连接的一种。无键连接因减少了应力集中，所以能传递较大的转矩，但加工比较复杂。

铆接主要由铆钉和被连接件组成，陈列柜中有三种典型的铆缝结构形式。铆接具有抗振、耐冲击和牢固可靠等优点。

焊接的方法很多，如电阻焊、等离子弧焊、压焊等，其中电阻焊应用最广。电阻焊焊接时形成的接缝称为焊缝，按照焊缝特点，焊接有正接角焊，大接角焊，对接角焊和塞焊等基本形式。

胶接是利用粘结剂在一定条件下把预制的元件连接在一起的一种连接方法。胶接时要选择正确的粘结剂和设计胶接接头的结构形式。陈列柜中展示的是板件接头、圆柱形接头、锥形及不通孔接头、角接头等典型结构。

过盈连接是利用零件间的过盈配合来达到连接的目的的一种连接方法。陈列柜中展示的是常见的圆柱面过盈连接的应用实例。

2. 传动类零件

机械传动方式主要有带传动、链传动、齿轮传动和蜗杆传动等。在机械传动系统中，经常采用带传动来传递运动和动力。

（1）带传动　带传动有多种类型，陈列柜中展示的有平带、普通 V 带、多楔带和同步带等，其中以普通 V 带应用最广，普通 V 带按横截面尺寸分为 Y、Z、A、B、C、D、E 七种型号。带轮结构有实心式、腹板式、孔板式和轮复式等常用形式，选择什么样的结构形式，主要取决于带轮的直径。为了防止传动带松弛，保证带的传动能力，设计时必须考虑张紧问题，常见的张紧装置有：定期张紧装置、利用电动机自重的自动紧张装置以及张紧轮装置。

（2）链传动　链传动属于挠性件的啮合传动。观察链传动模型，可知它由主、从动链轮和链条组成。按用途不同，链可分为传动链、起重链和输送链，其中最常用的是传动链。传动链有许多种，如滚子链、双列滚子链、起重链等，它们都广泛运用在机械传动中。陈列柜中展示的有单排滚子链、双排滚子链、齿形链和起重链。链轮是链传动的主要零件，结构主要有整体式、孔板式、齿圈焊接式和齿圈螺栓连接式等。滚子链链轮的齿形已经标准化，可用标准刀具加工。

链传动的布置是否合适，对传动的工作能力及使用寿命都有较大影响。水平布置时，紧边通常布置在上方。垂直布置时，为保证有效啮合，应考虑中心距可调、设置张紧轮以及采用上下两链轮偏置等措施。链传动张紧的目的主要是避免在链条垂度过大时产生啮合不良和链条的振动现象。链传动张紧方式有张紧轮定期张紧、张紧轮自动张紧和压板定期张紧等。

（3）齿轮传动　齿轮传动是机械传动中最主要的一类传动，形式很多，应用广泛，最常用的有直齿圆柱齿轮传动、斜齿圆柱齿轮传动、人字齿轮传动、齿轮齿条传动、直齿锥齿轮传动和曲齿锥齿轮传动等。

了解齿轮失效形式是设计齿轮传动的基础。陈列柜中展示了齿轮常见的五种失效形式模型，分别是轮齿折断、齿面磨损、点蚀、胶合及塑性变形。针对失效形式，可以建立相应的设计准则。目前设计齿轮传动时，通常只按保证齿根弯曲疲劳强度及保证齿面接触疲劳强度两准则进行计算。为了进行强度计算，必须对轮齿进行受力分析，陈列柜中展示的直齿圆柱齿轮、斜齿轮和锥齿轮轮齿受力分析模型，形象表现了作用在齿面的法向力分解为圆周力、径向力及轴向力的情况，各分力的大小可由相应的计算公式确定。

齿轮结构通常有齿轮轴（整体式）、实心式、腹板式、带加强筋的腹板式、轮辐式等，设计时主要根据齿轮的尺寸确定。

(4) 蜗杆传动　蜗杆传动是用来传递空间互相垂直而不相交的两轴间的运动和动力的传动形式，具有传动比大、结构紧凑、反行程自锁等优点。陈列柜中展示的有普通圆柱蜗杆传动、圆弧面蜗杆传动和锥蜗杆传动等类型。其中应用最多的是普通圆柱蜗杆传动，即阿基米德蜗杆传动，在通过蜗杆轴线并垂直于蜗轮轴线的中间平面上，蜗杆与蜗轮的啮合关系可以看作是直齿齿条和齿轮的啮合关系。

由于蜗杆螺旋部分的直径不大，所以常和轴做成一个整体。陈列柜中有两种结构形式的蜗杆，其中一种无退刀槽，加工螺旋部分时只能用铣制的方法。另一种则有退刀槽，螺旋部分可以车制也可以铣制，但这种结构的刚度较前一种差。当蜗杆螺旋部分的直径较大时，也可以将蜗杆螺旋部分与轴分开制作。蜗轮有齿圈螺栓连接式、整体浇注式和拼铸式等典型结构，设计时可根据蜗轮尺寸选择。

在设计蜗杆传动时，要进行受力分析。陈列柜中的受力分析模型展示出了齿面法向载荷分解为圆周力、径向力及轴向力的情况，各分力的大小由计算公式计算。

3. 轴系零部件

(1) 滑动轴承　滑动摩擦轴承简称滑动轴承，按其承受载荷方向的不同，可分为推力滑动轴承和径向滑动轴承。推力滑动轴承用来承受轴向载荷，它由轴承座与推力轴颈组成。陈列柜中展示的是推力滑动轴承的结构形式，依次为实心式、空心式、单环式和多环式。径向滑动轴承用来承受径向载荷。在径向滑动轴承中，轴瓦是直接与轴颈接触的零件，是轴承的重要组成部分，常用的轴瓦可分为整体式和剖分式两种结构。为了把润滑油导入整个摩擦表面，轴瓦上需开设油孔或油槽，油槽的形式一般有纵向槽、环形槽及螺旋槽等。

根据滑动轴承的两个相对运动表面间油膜形成原理的不同，滑动轴承分为动压轴承和静压轴承。陈列柜中展示了径向动压滑动轴承的工作状况。由此可以看出，当轴颈转速达到一定值后，才有可能达到完全液体摩擦状态。

(2) 滚动轴承　滚动轴承是现代机器中广泛应用的零件之一，观察滚动轴承可知，它由内圈、外圈、滚动体和保持架四部分组成。滚动体是形成滚动摩擦的基本元件，它可以制成球状或不同的滚子形状，相应地有球轴承和滚子轴承之分。

滚动轴承按承受的外载荷不同可以概括地分为径向轴承、推力轴承和径向推力轴承三大类，在各个大类中，又可做成不同结构、尺寸、精度等级，以便适应不同的技术要求。陈列柜中有常用的轴承，如深沟球轴承、调心球轴承、圆柱滚子轴承、调心滚子轴承、滚针轴承、角接触球轴承、圆锥滚子轴承、推力球轴承和推力调心滚子轴承等。为便于组织生产和选用，国家标准 GB/T 272—2017 规定了轴承代号的表示方法。滚动轴承工作时，轴承元件上的载荷和应力是变化的。连续运转的物体有可能发生疲劳点蚀，因此需要按照疲劳寿命选择滚动轴承的型号。

(3) 联轴器　联轴器是用来连接两轴以传递运动和转矩的部件。根据联轴器对各种相对位移有无补偿能力，联轴器可分为刚性联轴器和挠性联轴器两大类。刚性联轴器有凸缘联

轴器和套筒联轴器等类型。挠性联轴器分为无弹性元件挠性联轴器和有弹性元件挠性联轴器。

常用联轴器已标准化，设计时只需要参考手册，根据机器的工作特点及要求，结合联轴器的性能选定合适的类型。

（4）离合器　离合器也是用来连接轴与轴以传递运动和转矩的，但它能在机器运转中将传动系统随时分离或结合，陈列柜中展示有牙嵌离合器，摩擦离合器和特殊结构与功能的离合器等。

（5）轴　轴是组成机器的主要零件，所有做回转运动的传动零件都必须安装在轴上才能进行运动及动力传递，轴的种类很多，陈列柜中展示的有常见的光轴、阶梯轴、空心轴、曲轴及钢丝软轴，直轴按承受载荷性质不同可分为心轴、转轴和传动轴。心轴只承受弯矩，转轴既承受弯矩又承受转矩，传动轴则主要承受转矩。设计轴的结构时必须考虑轴上零件的定位。

4. 其他常用零部件

（1）弹簧　弹簧是一种弹性元件，它具有多次重复地随外载荷的变化做相应的弹性形变，卸载后又能恢复原状的特性，很多机械正是利用弹簧的这一特性来工作的。按照所承受的载荷不同，弹簧可分为拉伸弹簧、压缩弹簧和扭转弹簧三个基本类型。陈列柜中展示有这些弹簧的结构形式及典型的工作图。

（2）减速器　减速器是原动机与工作机之间独立的闭式传动装置，用来降低转速或增大转矩。陈列柜中展示有单级圆柱齿轮减速器、二级展开式圆柱齿轮减速器、锥齿轮减速器、圆锥圆柱齿轮减速器、蜗杆减速器和蜗杆齿轮减速器的模型。

减速器箱体用于承受和固定轴承部件，并提供润滑密封条件，一般用铸铁铸造。减速器上还设置了一系列的附件，如用来检查箱内传动件啮合情况和注入润滑油的窥视孔以及窥视孔盖，用来显示箱内油面高度是否符合要求的油面指示器，更换污油时平衡箱体内部气压的通气孔，保证剖分式箱体轴承孔加工精度用的定位销，便于拆卸箱盖的起盖螺钉，便于拆装和搬运箱盖用的铸造吊耳环，用于整个减速器的起重吊钩以及润滑用的油杯等。

（3）润滑与密封　在摩擦面间加入润滑剂进行润滑，有利于降低摩擦，减轻磨损，保护零件不遭受腐蚀，而且在润滑剂循环时可起到散热降温的作用。

仪器设备密封性能的好坏是衡量设备质量的重要指标之一，机器常用的密封装置可分为接触式与非接触式两种。陈列柜中的毡圈密封，O 形圈密封都属于接触式密封。接触式密封的特点是结构简单、价廉，但磨损较快，使用寿命短，适合速度较低的场合。非接触式密封适用于速度较高的场合，如油槽密封和迷宫式密封。密封装置中的密封件都已标准化。

实验十

螺栓组及单螺栓连接静、动态综合实验

● 如何计算和测量螺栓受力情况及静、动态性能参数是工程技术人员面临的一个重要课题。本实验通过对一组螺栓的静载受力分析及单个螺栓的静、动载受力分析，使学生对螺栓受力情况及静、动态性能的测量有一定感性认知。

● 建议实验2学时。

一、实验目的

如何计算和测量螺栓受力情况及静、动态性能参数是工程技术人员面临的一个重要课题。本实验通过对一组螺栓的静载受力分析及单个螺栓的静、动载受力分析，达到下述实验目的：

1. 了解托架螺栓组受翻转力矩时，各螺栓拉力的分布情况。

2. 根据拉力分布情况确定托架底板旋转轴线的位置。

3. 在单个螺栓静载实验中了解零件相对刚度的变化对螺栓所受总拉力的影响。

4. 在单个螺栓动载荷实验中，通过改变螺栓连接中零件的相对刚度，观察螺栓中动态应力幅值的变化。

二、实验设备和工具

1. 螺栓综合实验台的结构与工作原理

螺栓综合实验台的结构如图10-1所示。

图中件1为托架，在实际使用中多为水平放置，为了避免由于自重产生力矩的影响，在本实验台上设计为垂直放置。托架用一组螺栓3连接于支架2上。加力杠杆组4包含两组杠杆，其臂长比均为1∶10，则总杠杆比为1∶100，可使加载砝码6产生的力放大100倍后压在托架支撑点上。螺栓组的受力与应变转换为粘贴在各螺栓中部应变片的伸长量，用变化仪来测量。应变片在螺栓上相隔180°粘贴两片，串接输出，以补偿螺栓受力弯曲引起的测量误差。引线由孔5中接出。

加载后，托架螺栓组受到一横向力及力矩，与结合面上的摩擦阻力相平衡。而力矩则使托架有翻转趋势，使得各个螺栓受到大小不等的外界作用力。根据螺栓变形协调条件，各螺

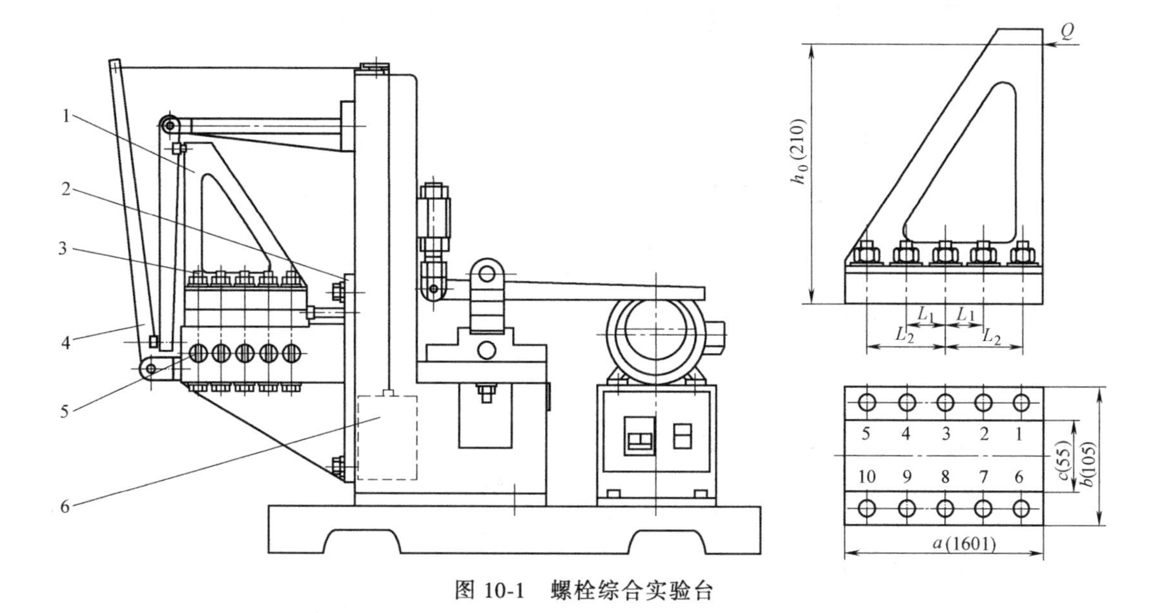

图 10-1　螺栓综合实验台

栓所受拉力 F（或拉伸变形）与其中心线到托架底板翻转轴线的距离成正比，即

$$\frac{F_1}{L_1}=\frac{F_2}{L_2} \tag{10-1}$$

式中，F_1，F_2 为安装螺栓处由于托架所受力矩而引起的力（N）；L_1，L_2 是从托架翻转轴线到相应螺栓中心线的距离（mm）。

本实验台中第 2，4，7，9 号螺栓受力 F_1，距离 L_1；第 1，5，6，10 号螺栓受力 F_2，距离 L_2；第 3，8 号螺栓距托架翻转轴线距离为零。根据静力平衡条件得

$$M = Qh_0 = \sum_{i=1}^{i=10} F_i L_i \tag{10-2}$$

$$M = Qh_0 = 2 \times 2F_1L_1 + 2 \times 2F_2L_2 \tag{10-3}$$

式中，Q 为托架受力点所受的力（N）；h_0 为托架受力点到结合面的距离（mm）。

本实验中取 $Q=3500\text{N}$，$h_0=210\text{mm}$，$L_1=30\text{mm}$，$L_2=60\text{mm}$。

则第 2，4，7，9 号螺栓的工作载荷为

$$F_1=\frac{Qh_0L_1}{2\times2(L_1^2+L_2^2)} \tag{10-4}$$

第 1，5，6，10 号螺栓的工作载荷为

$$F_2=\frac{Qh_0L_2}{2\times2(L_1^2+L_2^2)} \tag{10-5}$$

2. 螺栓预紧力的确定

本实验是在加载后不允许结合面分开的情况下来预紧和加载的。连接在预紧力的作用下，其结合面产生的挤压应力为

$$\sigma_P=\frac{ZQ_0}{A} \tag{10-6}$$

悬臂梁在载荷 Q 的作用下，在结合面上不出现间隙，则最小压应力为

$$\frac{ZQ_0}{A}-\frac{Qh_0}{W}\geqslant 0 \tag{10-7}$$

式中，Q_0 为单个螺栓预紧力（N）；Z 为螺栓个数，$Z=10$；A 为结合面面积（mm^2），$A=a(b-c)$；W 为结合面抗弯截面模量：

$$W=\frac{a^2(b-c)}{6} \tag{10-8}$$

式（10-8）中，$a=160$mm；$b=105$mm；$c=55$mm。

因此，

$$Q_0\geqslant\frac{6Qh_0}{Za} \tag{10-9}$$

为保证一定安全性，取螺栓预紧力为

$$Q_0=(1.25\sim1.50)\frac{6Qh_0}{Za} \tag{10-10}$$

再分析螺栓的总拉力。

在翻转轴线左侧的各螺栓（1，2，6，7 号螺栓）被拉紧，轴向拉力增大，其总拉力为

$$Q_i=Q_0+F_i+\frac{C_L}{C_L+C_F} \tag{10-11}$$

或

$$F_i=(Q_i-Q_0)\frac{C_L+C_F}{C_L} \tag{10-12}$$

在翻转轴线右侧的各螺栓（4，5，9，10 号螺栓）被放松，轴向拉力减小，总拉力为

$$Q_i=Q_0-F_i\frac{C_L}{C_L+C_F} \tag{10-13}$$

或

$$F_i=(Q_0-Q_i)\frac{C_L+C_F}{C_L} \tag{10-14}$$

式中，$C_L/(C_L+C_F)$ 为螺栓的相对刚度；C_L 为螺栓刚度；C_F 为被连接件刚度。

螺栓上所受到的力是通过测量应变值计算得到的，根据胡克定律：

$$\varepsilon=\frac{\sigma}{E} \tag{10-15}$$

式中，ε 为应变量；σ 为应力（MPa）；E 为材料的弹性模量，对于钢材，取 $E=2.06\times10^5$MPa，则螺栓预紧后的应变量为

$$\varepsilon_0=\frac{\sigma_0}{E}=\frac{4Q_0}{E\pi d^2} \tag{10-16}$$

或

$$Q_0=\frac{E\pi d^2}{4}\varepsilon_0=K\varepsilon_0$$

螺栓受载后总应变量为

$$\varepsilon_{\mathrm{i}}=\frac{\sigma_{\mathrm{i}}}{E}=\frac{4Q_{\mathrm{i}}}{E\pi d^2} \tag{10-17}$$

或

$$Q_{\mathrm{i}}=\frac{E\pi d^2}{4}\varepsilon_{\mathrm{i}}=K\varepsilon_{\mathrm{i}} \tag{10-18}$$

式中，d 为被测处螺栓直径（mm）；K 为系数，$K=\frac{E\pi d^2}{4}$（N）。

因此，可得到螺栓上的工作拉力。在翻转轴线左侧的各螺栓（4，5，9，10 号螺栓）的工作拉力为

$$F_{\mathrm{i}}=K\frac{C_{\mathrm{L}}+C_{\mathrm{F}}}{C_{\mathrm{L}}}(\varepsilon_{\mathrm{i}}-\varepsilon_0) \tag{10-19}$$

在翻转轴线右侧的各螺栓（1，2，6，7 号螺栓）的工作拉力为

$$F_{\mathrm{i}}=K\frac{C_{\mathrm{L}}+C_{\mathrm{F}}}{C_{\mathrm{L}}}(\varepsilon_0-\varepsilon_{\mathrm{i}}) \tag{10-20}$$

3. 单螺栓实验台结构及工作原理

单螺栓实验台的结构如图 10-2 所示。旋动调整螺母 1，通过支撑螺杆 2 与加载杠杆 9，即可使吊耳 5 受拉，吊耳 5 下有垫片 6，改变垫片材料可以得到螺栓连接的不同相对刚度。吊耳 5 通过螺栓 7、紧固螺母 8 与机座 4 相连接。电动机 3 的轴上装有偏心轮 10，当电动机轴旋转时由于偏心轮转动，通过杠杆使吊耳和被实验单螺栓上产生一个动态拉力。吊耳 5 与螺栓 7 上都贴有应变片，用于测量吊耳 5 所受的动态拉力变化及螺栓 7 对应的应力、应变大小。

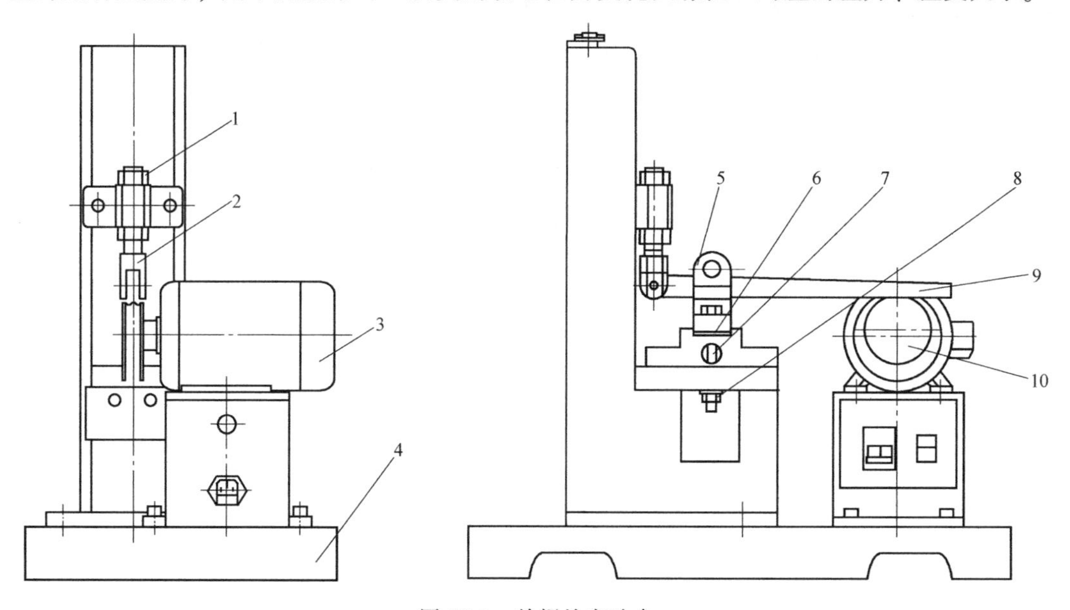

图 10-2　单螺栓实验台

三、实验操作方法及步骤

1. 系统准备

（1）系统组成及连接　LSC-Ⅱ型螺栓组及单螺栓连接静、动态综合实验系统，由螺栓

组及单螺栓综合实验台、LSC-Ⅱ螺栓综合实验仪、微型计算机及相应的测试软件组成，如图 10-3 所示。

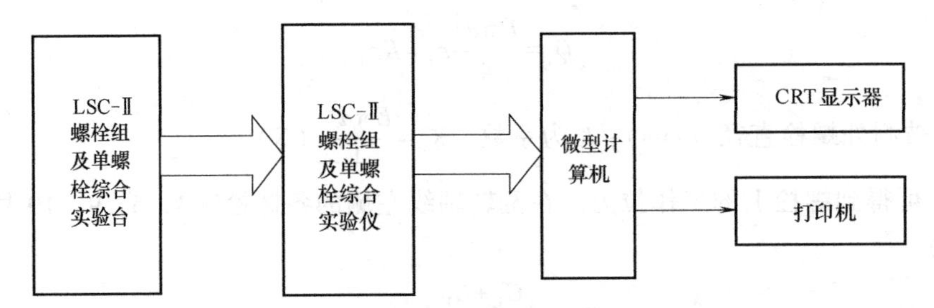

图 10-3　系统组成

（2）螺栓测量电桥结构及工作原理　如图 10-4 所示，实验台每个螺栓上都贴有两片应变片 $R_{应}$（阻值 120Ω，灵敏系数 2.22）与两个固定精密电阻 $R_{阻}$（阻值 120Ω），组成一全桥结构的测量电路。

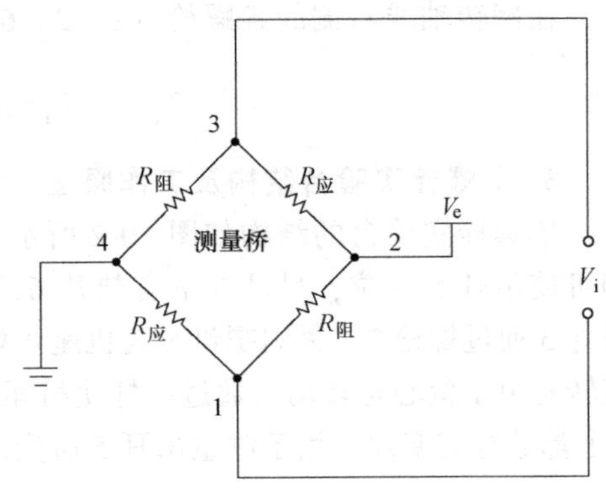

图 10-4　测量电路

（3）系统连接　在进行实验时，首先进行系统连接。即将螺栓实验台上 1～12 号信号输出线分别接入实验仪面板相应接线端子（五芯航空插座）中（图 10-5）。其中 1～10 号为输出，对应螺栓组 1～10 号螺栓应变信号输出，11 号对应单螺栓应变信号输出，12 号对应吊耳（图 10-2）应变信号输出。

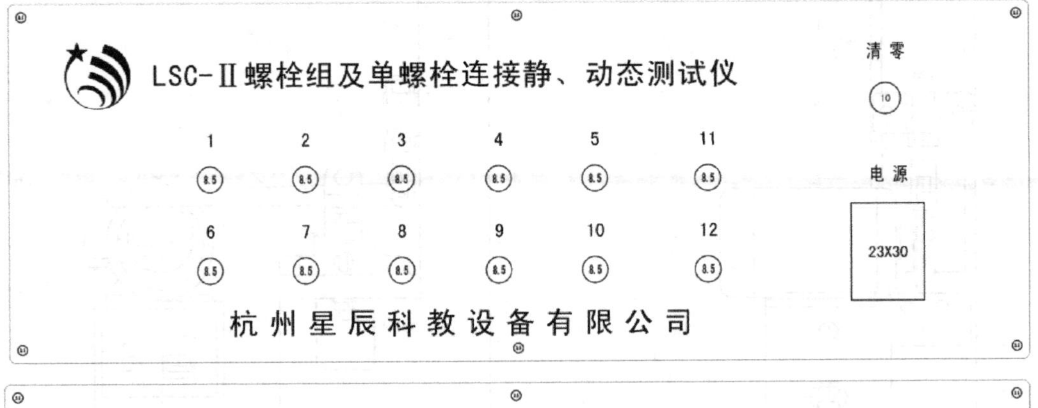

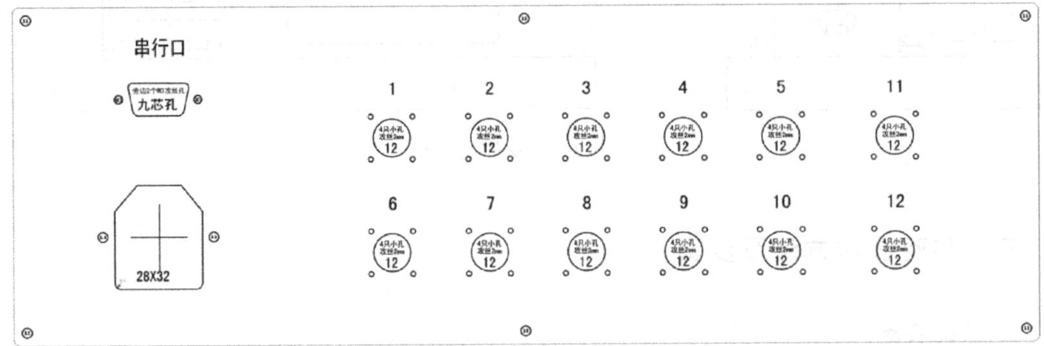

图 10-5　实验仪面板

将计算机 RS232 串行接口通过标准的通信线，与实验仪面板的 RS232 接口连接。打开实验仪面板上的电源开关，接通电源，并启动计算机。

（4）螺栓应变测量电路预热　实验系统正确连接后应首先打开实验仪电源，预热 15min 以上，再进行实验操作。这样可减少实验台实验螺栓应变测量电路温度变化对测量精度的影响。

（5）系统配置　双击计算机桌面螺栓动力平台图标，启动螺栓实验应用程序，进入程序主界面，如图 10-6 所示。启动主程序后，如果此设备第一次与所配计算机连接，必须先进行系统配置，单击系统配置按钮进入系统配置界面。

图 10-6　程序主界面

2. 螺栓组静载实验

螺栓组静载实验的主要内容为：向托架螺栓组施加翻转力矩，测量各螺栓所受拉力。

（1）主界面及相关功能　单击螺栓组平台按钮，进入螺栓组静载实验界面如图 10-7 所示。

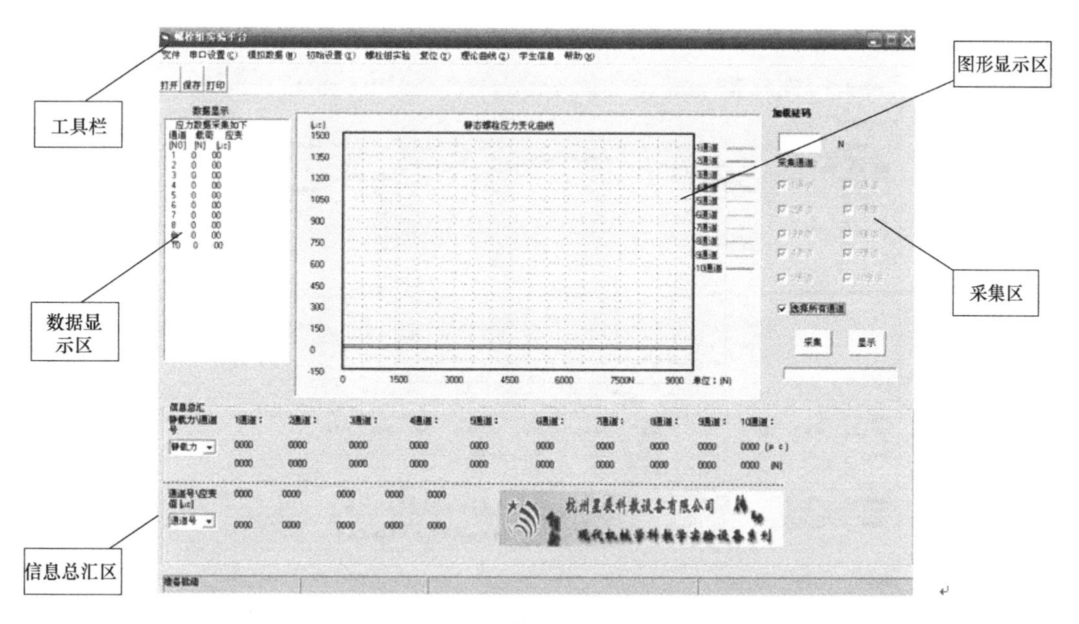

图 10-7　螺栓组静载实验界面

螺栓组静载实验界面由数据显示区，图形显示区，采集区，信息总汇区和工具栏组成。

1）数据显示区。数据显示区显示当前螺栓检测的数据，包括螺栓号、所受载荷及应变。

2）图形显示区。显示螺栓所受力与应变的关系图。

3）采集区。用户可通过选择采集区中的复选框来选定所要检测的某几个螺栓，系统默认选择所有复选框。螺栓数据采集完后，若用户需显示其中某几个螺栓的实验数据，也可通过这些复选框来选定。

4）信息总汇区。信息总汇分两个区域，上面的区域保存了最近十次采集的数据，显示每次实验所放砝码的质量及对应每个螺栓所受的应力和应变值。在实验过程中，用户可任意选择显示其中某次的实验数据及图形。在模拟数据和理论曲线演示操作时，只显示一组模拟数据及图形。下面的区域用户可以选择显示任意一个螺栓最近十次的实验数据。在模拟数据和理论曲线演示操作时，只显示任意一个螺栓的一次模拟数据及图形。

5）工具栏。包括文件、串口设置、模拟数据、初始设置、螺栓组实验、复位、理论曲线、学生信息、帮助菜单。

① 文件：打开选项，可打开之前保存的数据文件；“保存数据”选项，可保存当前实验采集的数据；“保存图片为”选项，可保存当前显示的图片；“打印为”选项，可打印当前的图片、相关数据及系统的一些参数；“另存为”选项，可同保存数据选项基本一致，只是会保存为新的文件；“退出”选项，可退出系统。

② 串口设置：如果计算串口选择的是端口 2，需要在串口设置中选择 COM2（默认 COM1）。

③ 模拟数据：显示出厂设置中保存的模拟数据及图形。

④ 初始设置：包括标准参数设置、标定及恢复出厂设置。

⑤ 螺栓组实验：包括预应变平衡、校零、加载预紧力和螺栓组加载砝码等选项。

⑥ 复位：此菜单项会将程序恢复到初始打开状态，但不会清除标定、校零、预紧力加载及系统参数值。

⑦ 理论曲线：此菜单项会显示动态的理论曲线图供用户参考，如图 10-8 所示。

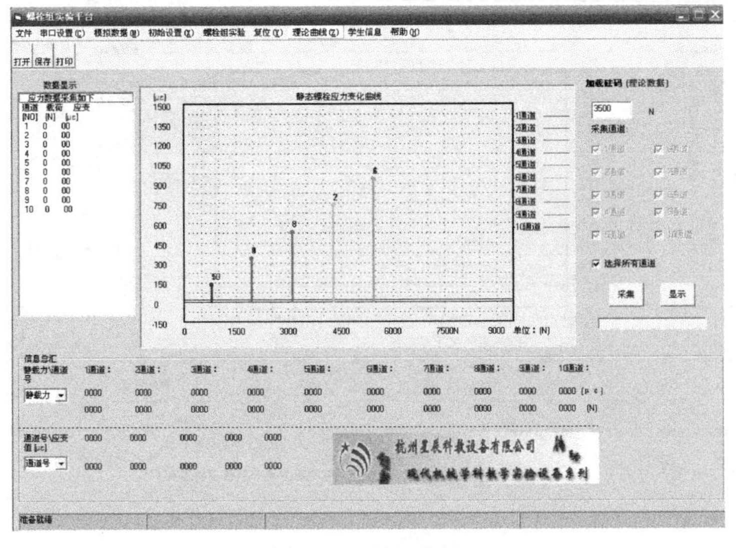

图 10-8 理论曲线

⑧ 学生信息：此菜单项主要记录当前用户信息，包括姓名、学号、班级及设备使用时间。

⑨ 帮助：此菜单项包括使用说明及系统版本号。

（2）实验操作方法及步骤 单击工具栏中的螺栓组实验菜单，包括预应变平衡、校零、加载预紧力及螺栓组加载砝码等选项。

1）预应变平衡。单击“预应变平衡”选项，打开如图 10-9 所示预应变调整窗口。

① 按操作框中提示，先松开螺栓组各螺栓。

② 单击数据采集按钮，系统自动采集螺栓组 10 个螺栓应变电路电压值，并在通道数据信息显示栏中显示当前采集的数据。

③ 调整实验仪面板上 1~10 号可调电位器，直到采集数据符合要求，停止采集。单击“退出”按钮，完成预应变调整。

图 10-9 预应变调整窗口

2）校零。

① 单击“校零”选项。

② 按操作框中提示，在松开螺栓组各螺栓的状态下，单击“确定”按钮，系统就会自动校零。

③ 校零完毕后单击“退出”按钮，结束校零。

3）加载预紧力。单击“加载预紧力”选项，单击“确定”及“数据采集”按钮，此时用户可以用扳手给螺栓组加载预紧力（在加载预紧力时应注意始终使实验台上托架处于正确位置，即螺栓垂直托架与实验台底座平行）。系统自动采集螺栓组的受力数据，并将螺栓组中各螺栓所受载荷及应变值显示在数据显示窗口，用户可以通过数据显示窗口逐个调整螺栓的受力到示值 500 左右。单击“停止”按钮，加载预紧力完毕。

4）螺栓组加载砝码。单击“螺栓组加载砝码”选项，加载前先在程序界面加载砝码文本框中输入所加载砝码的大小，并选择所要检测的通道。系统默认加载砝码的大小为 3500N，并默认选择所有通道。

悬挂好所要加载的砝码，单击“数据采集”按钮，此时系统会把加载砝码后的数据实时地采集上来，等到采集上来的数据稳定时单击“停止”按钮，系统停止采集，并将数据及图形显示在螺栓组静载实验程序界面上。

3. 单螺栓静、动载实验

单螺栓静、动载实验的主要内容为：相对刚度测量和动载荷实验。

（1）主界面及相关功能　单螺栓实验界面如图 10-10 所示。

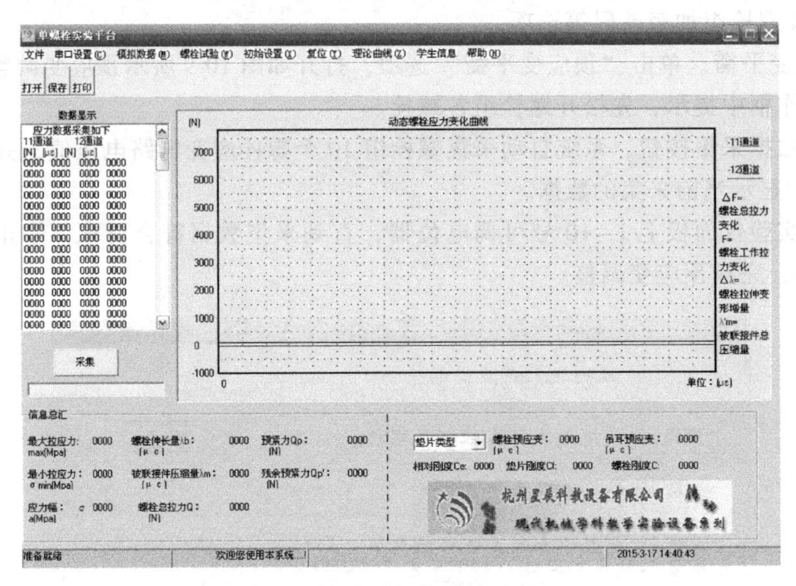

图 10-10　单螺栓实验界面

工具栏包括：文件、串口设置、模拟数据、螺栓实验、初始设置、复位、理论曲线、学生信息及帮助菜单。

1）文件：“打开”选项，可打开之前保存的数据文件；“保存数据”选项，可保存当前实验采集的数据；“保存图片为”选项，可保存当前显示的图片；“打印为”选项，可打印当前的图片，相关数据及系统的一些参数；“另存为”选项同保存数据选项基本一致，只是会保存为新的文件；“退出”选项，可退出系统。

2）串口设置：如果计算机串口选择的是端口 2，需要在串口设置中选择 COM2（默认 COM1）。

3）模拟数据：显示出厂设置中保存的模拟数据及图形。

4）螺栓实验：包括预应变平衡、相对刚度测量和动载荷实验三项。

5）初始设置：包括标准参数设置、标定及恢复出厂设置。

6）复位：此菜单项会将程序恢复到初始打开状态，但不会清除标定、校零、预紧力加载及系统参数值。

7）理论曲线：此菜单项会显示动态的理论曲线图。

8）学生信息：此菜单项主要记录当前用户信息包括姓名、学号、班级及设备使用时间。

9）帮助：此菜单项包括使用说明及系统版本号。

（2）实验操作方法及步骤　在进行单螺栓静、动载实验时，应首先将加载偏心轮 10 转到最低点位置（见图 10-2）。

单击单螺栓实验主界面工具栏中的“螺栓实验”菜单，包括预应变平衡、相对刚度测

量及动载荷实验三项。

1）预应变平衡。预应变平衡操作步骤如下：

① 按操作框中提示，先松开单螺栓和紧固螺母8，卸载单螺栓及吊耳。

② 单击数据采集按钮，系统自动采集单螺栓和吊耳上应变电路电压值，并在通道数据信息显示栏中显示。

③ 调整实验仪面板上的11和12号可调电位器，直到采集数据符合要求，停止采集。单击“退出”按钮，完成预应变平衡。

2）相对刚度测量（图10-11）。相对刚度测量的实验步骤如下：

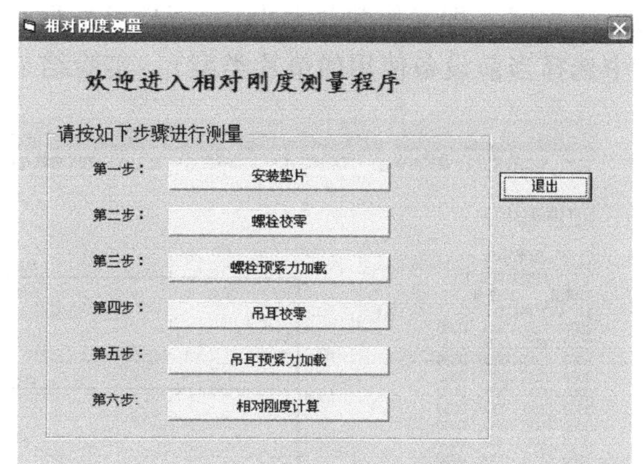

图10-11　相对刚度测量

① 安装垫片。单击“安装垫片”按钮，选择安装的垫片类型，并单击“确定”按钮。按提示卸载单螺栓及吊耳螺栓并安装好所选择的垫片。系统默认垫片类型为钢制，实验台已安装好钢制垫片。

② 螺栓校零。单击“螺栓校零”按钮，在螺栓及吊耳都未加载力前校零。

③ 螺栓预紧力加载。单击“螺栓预紧力加载”按钮，单击“开始”按钮，系统会自动采集螺栓受力数据。这时用户可通过调节紧固螺母8（见图10-2）对螺栓加载外力，并根据采集的应变数据值来判断所加载的力是否已经满足条件，当应变数据显示达到500左右时，单击“确定”按钮，加载完毕，系统自动保存数据并退出，用户可以进入下一步操作。

④ 吊耳校零。单击“吊耳校零”按钮，在卸载吊耳支撑螺杆状态下，单击“确定”按钮。校零结束后退出。

⑤ 吊耳预紧力加载。单击“吊耳预紧力加载”按钮，单击“开始”按钮，这时用户可通过旋转吊耳调整螺母1（见图10-2）对吊耳加载到提示值，按“确定”按钮结束预紧力加载。

⑥ 相对刚度计算。单击“相对刚度计算”按钮，此操作会根据所采集的数据计算出相对刚度和被连接件刚度（垫片），用户可对计算的数据保存，如不保存可直接按“退出”按钮。

3）单螺栓动载荷实验。打开单螺栓实验主界面工具栏中的“螺栓实验”菜单，单击“动载荷实验”选项。动载荷实验包括校零、加载螺栓预紧力及数据采集。

① 校零。首先将电动机上的加载偏心轮10转到最低点位置（图10-2）。单击“校零”按钮，按操作框中提示松开单螺栓和紧固螺母8，卸载单螺栓及吊耳，单击“确定”按钮，校零结束后退出。

② 加载螺栓预紧力。单击动载荷实验主界面工具栏中的“加载螺栓预紧力”按钮，单击“开始”按钮，系统会采集螺栓受力数据。这时用户可以对螺栓加载外力，用户应慢慢拧紧紧固螺母8（图10-2），对螺栓加载预紧外力，并根据采集的数据所显示的应变值，来判断所加载的力是否已经满足加载螺栓预紧力要求。当加载预紧力应变达到提示值时，单击“确定”按钮，表示加载预紧力完毕，系统自动保存加载预紧力数据后退出，用户可以进入下一步操作。

4）数据采集。单击动载荷实验主界面工具栏中的“启动”按钮（启动功能与程序主界面的采集功能相同，用户也可按“采集数据”按钮）系统开始采集数据。这时应启动电动机，旋动调整螺母 1（见图 10-2）对吊耳慢慢地加载外力即工作载荷（在启动电动机前，吊耳调整螺母 1 应保持松弛状态），这时可以看到程序图形界面的波形变化，旋转调整螺母 1 的松紧程度（即工作载荷大小），用户可根据具体实验要求选择合适值（启动前应先在主界面中选择当前设备使用的垫片类型）。实验结果如图 10-12 所示。

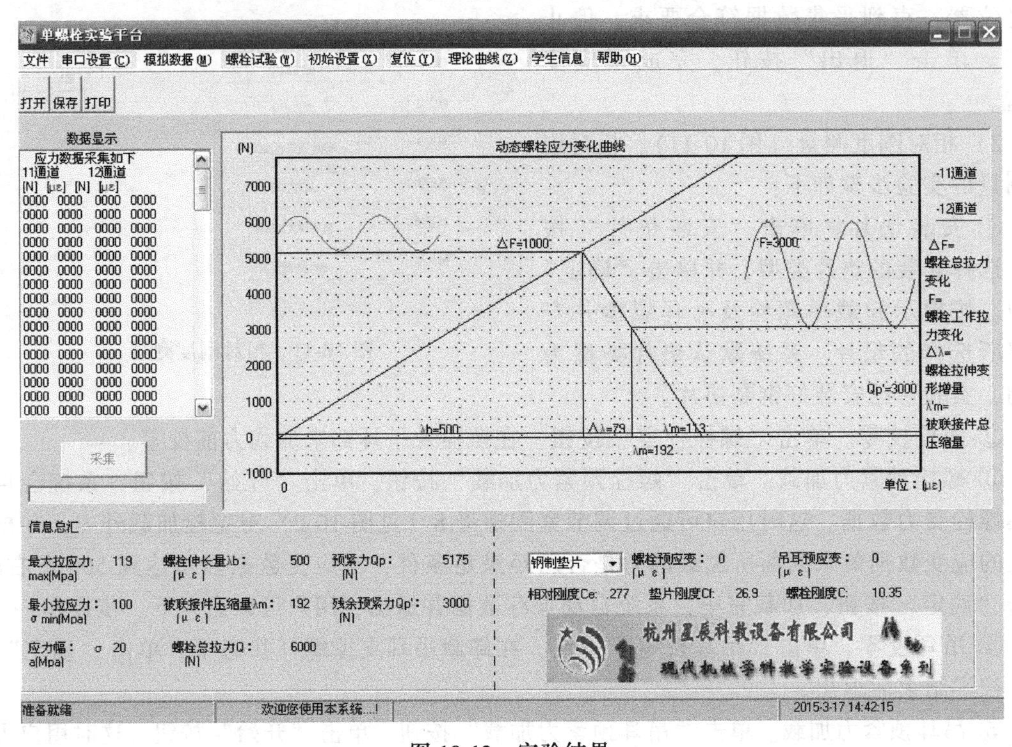

图 10-12 实验结果

4. 实验注意事项

（1）计算机连接　应在可靠地连接好实验台和计算机所有线缆后，再开启计算机及实验台电源，在计算机通电状态下不允许插拔 RS232 串行通信线，否则极易损坏计算机。

（2）螺栓应变测量电路预热　实验系统正确连接后应首先打开实验仪电源，预热 15min 以上，再进行校零实验操作。这样可减少实验台实验螺栓应变测量电路温度变化对测量精度的影响。

（3）系统配置　实验台首次与配套计算机连接时需进行系统配置操作，系统配置完成后计算机中会存储系统相关参数。除非更换计算机，后续实验中都不用进行系统配置操作。

（4）标定　设备出厂时是经过标定的，一般情况下不建议用户自行标定。

（5）预应变平衡调整　预应变平衡调整主要是针对螺栓应变片输出漂移过大，一般在第一次安装使用或长期未使用时进行。在实验过程中不需频繁进行。

实验十一

带传动实验

● 本实验通过实验室带传动实验台，学习带传动的结构、工作原理、实验方法，及其滑动曲线和效率曲线的测绘法，对分析研究带传动机构或创新设计具有指导意义。

● 建议实验 2 学时。

一、实验目的

1. 观察带传动的弹性滑动和打滑现象。
2. 了解带的初拉力、带速等参数的改变对带传动能力的影响，测绘出弹性滑动曲线。
3. 掌握转速、转矩、转速差及带传动效率的测量方法。

二、实验设备和工具

带传动实验台如图 11-1 所示。

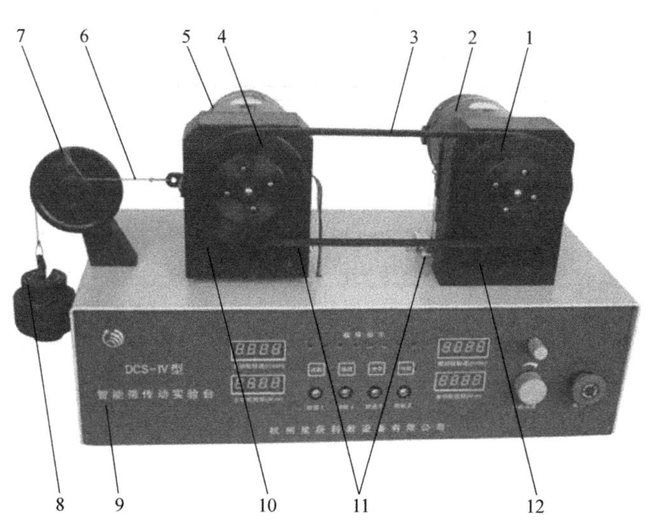

图 11-1　带传动实验台

1—从动带轮　2—从动直流发电机　3—传动带　4—主动带轮　5—主动直流电动机　6—牵引绳　7—滑轮　8—砝码　9—操作面板　10—浮动支座　11—拉力传感器　12—固定支座

1. 实验系统的组成

实验系统组成框图如图 11-2 所示。

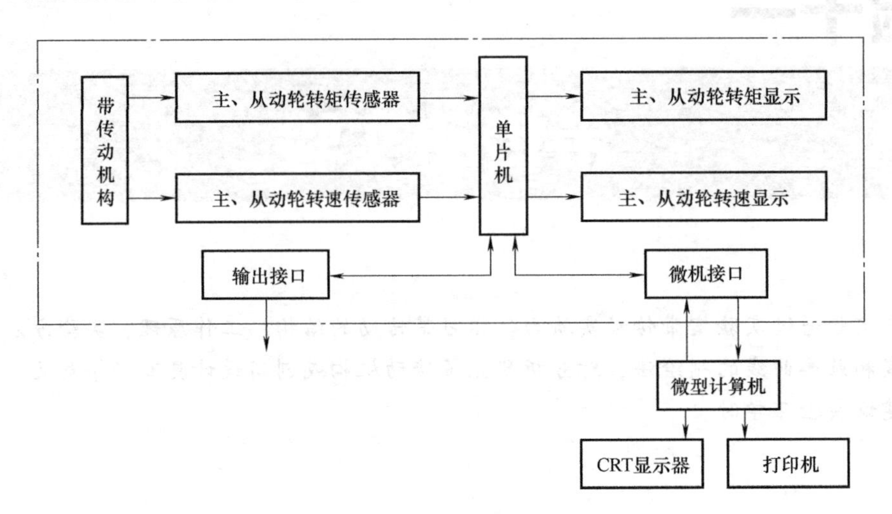

图 11-2　实验系统组成框图

2. 实验台结构简图

实验台外形结构如图 11-3 所示，主要由动力及传动系统、负载调节、转矩测量和单行滑动显示装置等部分组成。

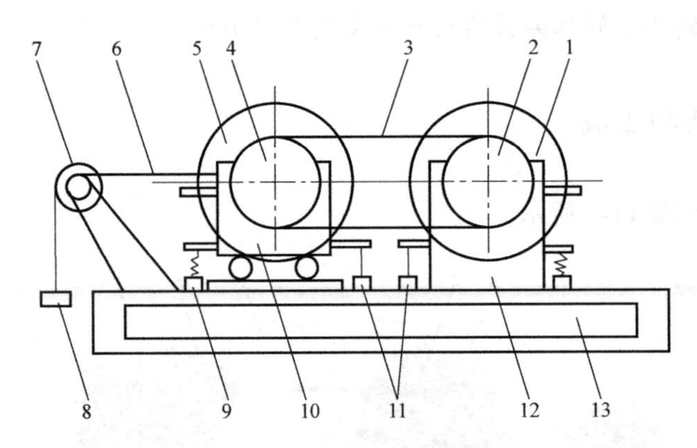

图 11-3　带传动实验台结构图

1—从动直流发电机　2—从动带轮　3—传动带　4—主动带轮　5—主动直流电动机　6—牵引绳
7—滑轮　8—砝码　9—弹簧　10—移动支架　11—传感器　12—固定支架　13—实验台支架

本实验台设计了专门的带传动预张紧机构，预张紧力可预先准确设定。在实验过程中，预张紧力稳定不变。在实验台中配置了单片机，设计了专用的程序，使本实验台具有数据采集、处理、显示、保持、记忆等多种功能。也可与 PC 机连接（实验台已备有接口），显示并打印输出实验数据及实验曲线。

使用本实验台，可以方便地完成以下实验：

1）利用实验装置的四路数字显示信息，在不同负载的情况下，手工抄录主动轮转速、主动轮转矩、被动轮转速、被动轮转矩，然后根据此数据计算并绘出弹性滑动曲线和传动效率曲线。

2）利用RS232串行接口，将实验装置与PC机连接。随带传动负载逐级增加，计算机能依靠专用软件自动进行数据处理与分析，并输出滑动曲线、效率曲线和所有实验数据。

3. 实验台面板

面板的布置如图11-4所示。

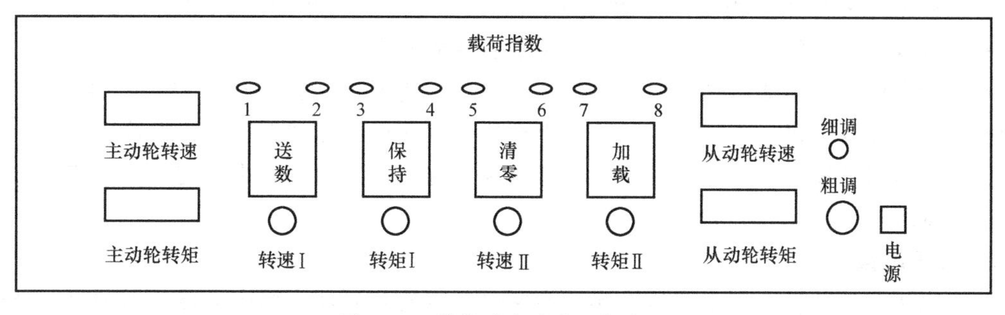

图11-4　带传动实验台面板布置

在实验台背板设有RS232串行接口，主、被动轮转矩放大、调零旋钮等，其布置情况如图11-5所示。

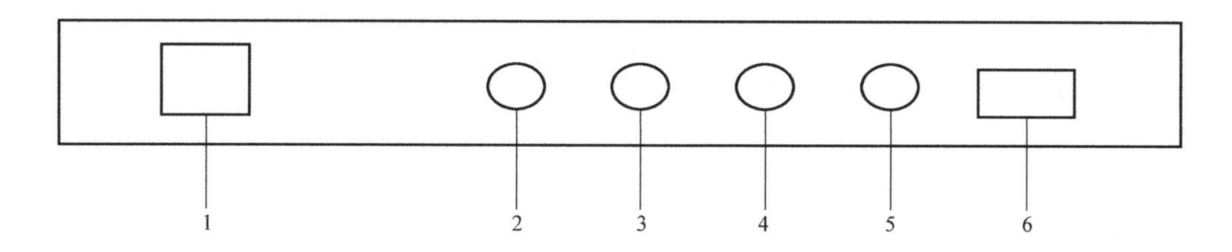

图11-5　带传动实验台背板布置情况

1—电源插座　2—被动转矩放大倍数调节　3—主动转矩放大倍数调节　4—被动转矩调零　5—主动转矩调零　6—RS232串行接口

4. 主要技术参数

1）主动电动机调速范围：0~1500r/min。

2）带轮直径：$D_1=D_2=87$mm（平带、V带、同步带）。

3）包角：$\alpha_1=\alpha_2=180°$。

4）传感器量程：0~100N，精度：0.05%。

5）电动机额定功率：$P=80$kW。

6）电动机额定转矩：$T=0.79$N·m。

7）电源：AC 220V。

8）外形尺寸：660mm×300mm×380mm。

9）质量：50kg。

三、实验原理及方法

1. 调速和加载

主动电动机的直流电源由可控硅整流装置控制，转动电位器可以改变可控硅控制角，提供给主动电动机电枢不同的电压，实现无级调节电动机转速。本实验台中设计了粗调和细调两个电位器。可精确地调节主动电动机的转速。

加载是通过改变发电机激磁电压实现的。逐个按动实验台操作面板上的加载按钮（即逐个并联发电机负载电阻），使发电机激磁电压加大，电枢电流增大，随之电磁转矩增大。由于电动机与发电机产生相反的电磁转矩，发电机的电磁转矩对电动机而言，即为负载转矩。所以改变发电机的激磁电压，也就实现了负载的改变。

本实验台由两台直流电机组成，左边一台是直流电动机，产生主动转矩，通过传动带，带动右边的直流发电机。直流发电机的输出电压通过面板的加载按钮，逐级接通并联的负载电阻，使发电机的输出功率逐级增加，也即改变了传动带的功率大小，使主动直流电动机的负载功率逐级增加。

2. 转速测量

两台电机的转速，分别由安装在实验台两电机带轮背后环形槽中的传感器测出。带轮上开有光栅槽，由光电传感器将其角位移信号转换为电脉冲，输入单片机中计数，计算得到两电机的动态转速值，并由实验台上的 LED 显示器显示出来，也可通过 RS232 串行接口送往 PC 机进一步处理（见图 11-2）。

3. 转矩测量

如图 11-1 所示，实验台上的两台电机均设计为悬挂支撑，当传递载荷时，传动转矩通过固定在电机定子外壳上的杠杆及拉钩作用于拉力传感器上，使定子处于平衡状态。

主动轮上的转矩为

$$T_1=L_1F_1$$

从动轮上的转矩为

$$T_2=L_2F_2$$

式中，F_1，F_2 分别为拉力传感器上所受的力（N），由传感器转换为正比于所受力的电信号，再经过 A-D 转换将模拟量变换为数字量，并送往单片机中，经过计算得到 T_1、T_2，并由实验台 LED 显示器显示测量值。

4. 带传动的圆周力、弹性滑动系数和效率

带传动的圆周力为

$$F=\frac{2T_1}{D_1}=\frac{2T_1\times 9.8}{D_1} \tag{11-1}$$

带传动的弹性滑动系数为

$$\varepsilon=\frac{n_1-n_2}{n_1}\times 100\% \tag{11-2}$$

带传动的效率为

$$\eta=\frac{P_1}{P_2}=\frac{T_2n_2}{T_1n_1}\times 100\% \tag{11-3}$$

式中，P_1，P_2 分别为主、从动轮功率（kW）；n_1，n_2 分别为主、从动轮转速（r/min）。

随着负载的改变（F 的改变），T_1、T_2、$\Delta n=n_1-n_2$ 的值也会改变，这样可获得一组 ε 和 η 的值，然后可绘出滑动曲线和效率曲线。

实验十二

液体动压轴承实验

- 本实验通过观察滑动轴承的动压油膜形成过程，绘制动压滑动轴承的特性曲线。
- 建议实验 2 学时。

一、实验目的

1. 了解摩擦系数、转速等数据的测量方法。
2. 通过实验数据处理，绘制出滑动轴承径向油膜压力分布曲线与承载量曲线。

二、实验系统组成与工作原理

1. 实验系统组成

轴承实验系统由以下设备组成：

1）ZCS-Ⅰ液体动压轴承实验台。

2）油压表共 7 个，用于测量轴瓦上径向油膜压力分布值。

3）工作载荷传感器为应变力传感器，测量外加载荷。

4）摩擦力矩传感器为应变力传感器，测量在油膜作用下轴与轴瓦间产生的摩擦力矩。

5）转速传感器为霍尔磁电式传感器，测量主轴转速。

6）XC-Ⅰ液体动压轴承实验仪以单片机为主体，完成对工作载荷传感器、摩擦力矩传感器及转速传感器的信号采集，处理并将结果由 LED 显示出来。

2. 轴承实验台结构

实验台结构如图 12-1 所示。

该实验台主轴 7 由两个高精度的深沟球轴承支撑。直流电动机 1 通过 V 带 2 带动主轴 7 顺时针转动，主轴上装有精密加工的轴瓦 5，由装在底座 10 上的无级调速器 12 实现主轴的无级变速，轴的转速由装在实验台上的霍尔转速传感器 8 测出并显示在 LED 上。

轴瓦 5 外圆被加载装置（未画）压住，旋转加载杆即可方便地对轴瓦加载，加载力大小由工作载荷传感器 6 测出，在测试仪面板上显示。

轴瓦上还装有测力杆，在主轴回转过程中，主轴与轴瓦之间的摩擦力矩由摩擦力矩传感器测出，并在测试仪面板上显示，由此计算出摩擦系数。

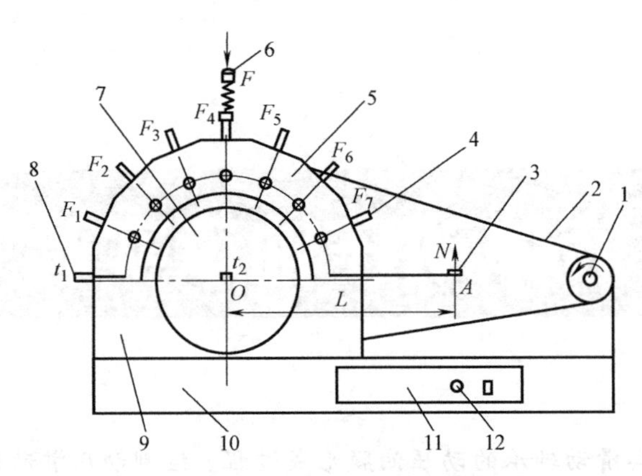

图 12-1　实验台结构示意图

1—直流电动机　2—V 带　3—摩擦力矩传感器　4—压力表　5—轴瓦　6—工作载荷传感器
7—主轴　8—转速传感器　9—油槽　10—底座　11—控制盒　12—调速器

轴瓦前端装有 7 个用于测量径向压力的压力表 4，油的进口在轴瓦的 1/2 处。通过压力表可读出轴与轴瓦之间径向平面内相应点的油膜压力，由此可绘制出径向油膜压力分布曲线。

3. 液体动压轴承实验仪

如图 12-2 所示，实验仪操作部分主要集中在仪器正面的面板上，在实验仪的后面板上设有摩擦力矩传感器输入接口、工作载荷传感器输入接口、转速传感器输入接口等，如图 12-3 所示。

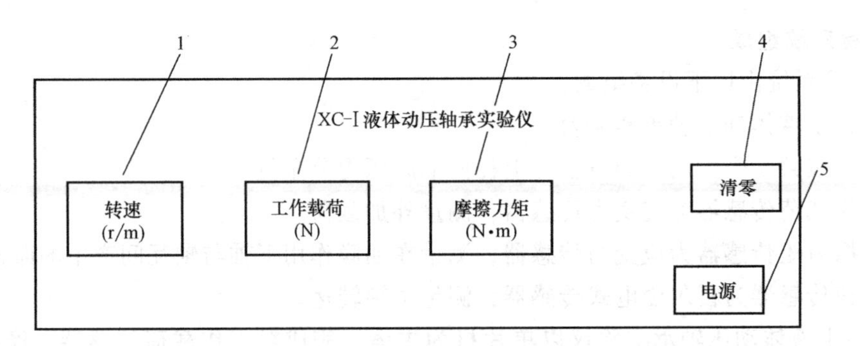

图 12-2　实验仪正面图

1—转速显示　2—工作载荷显示　3—摩擦力矩显示　4—摩擦力矩清零　5—电源开关

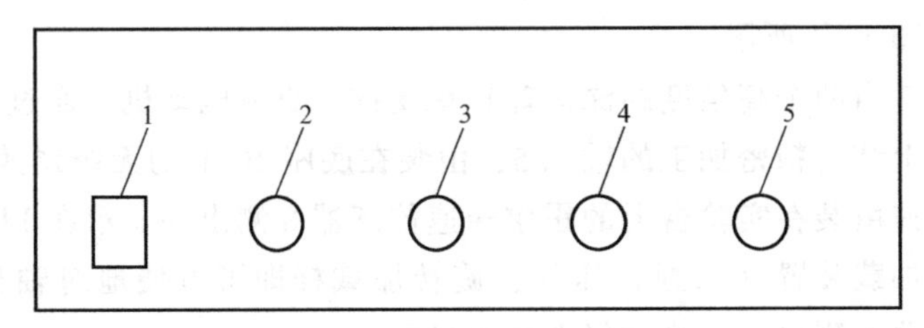

图 12-3　实验仪背面图

1—电源　2—摩擦力矩传感器输入接口　3—工作载荷传感器输入接口
4—转速传感器输入接口　5—工作载荷传感器复位按钮

实验仪箱体内设有单片机，承担检测、数据处理、信息记忆、自动数字传递等功能。

三、实验原理及测试内容

1. 油膜压力测试实验

起动电动机，控制主轴转速，并施加一定工作载荷，运转一定时间后轴承中形成压力油膜。F_1、F_2、F_3、F_4、F_5、F_6、F_7 七个压力表，用于测量并显示轴瓦表面每隔22°处的七点油膜压力值。根据测出的各实际压力值，按一定比例绘制出油压分布曲线与理论分布曲线，比较两者间的差异。

2. 摩擦特性实验

如图12-1所示，在轴瓦中心引出一测力杆压在摩擦力矩传感器3上，用以测量轴承工作时的摩擦力矩，进而换算得摩擦系数。因为

$$\sum Fr = NL \tag{12-1}$$

$$\sum F = fF \tag{12-2}$$

式中，$\sum F$ 为圆周上各切点摩擦力之和，$\sum F = F_1 + F_2 + F_3 + F_4 + \cdots$；$r$ 为圆周半径；N 为压力传感器测得的力；L 为力臂；F 为外加载荷；f 为摩擦系数。

所以实测摩擦系数为

$$f = \frac{NL}{Fr} \tag{12-3}$$

3. 轴承实验中其他重要参数

在轴承实验中还有一些比较重要的参数概念，具体介绍如下。

（1）轴承的平均压力 p（MPa）

$$p = \frac{F}{dB} \leqslant [p] \tag{12-4}$$

式中，F 为外加载荷（N）；B 为轴承宽度（mm）；d 为轴的直径（mm）；$[p]$ 为轴瓦材料许用压力（MPa），其值可查相关手册。

（2）轴承 pv 值（MPa · m/s）　轴承的发热量与其单位面积上的摩擦功耗 fpv 成正比（f 是摩擦系数），限制 pv 值就可限制轴承的温升。

$$pv = \frac{F}{Bd}\,\frac{\pi dn}{60 \times 1000} = \frac{Fn}{19100B} \leqslant [pv] \tag{12-5}$$

式中，v 为轴颈圆周速度（m/s）；$[pv]$ 为轴承材料 pv 许用值（MPa · m/s），其值可查相关手册。

四、实验操作步骤

1. 系统连接及接通电源

轴承实验台在接通电源前，应先将电动机调速旋钮逆时针转至“0速”位置。将摩擦力矩传感器信号输出线，转速传感器信号输出线分别接入实验仪对应接口。松开实验台上的螺

旋加载杆，打开实验台及实验仪的电源开关接通电源。

2. 载荷及摩擦力矩调零

保持电动机不转，松开实验台上的螺旋加载杆，在载荷传感器不受力的状态下按一下实验仪背板上的复位按钮5。此时单片机系统采样载荷，并将此值作为“零点”保存，实验台正面板上工作载荷显示为“0”。按一下实验仪正面板上的清零按钮，可完成对摩擦力矩清零，此时实验仪正面板上摩擦力矩显示窗口显示为“0”。

3. 记录各压力表压力值

在松开螺旋加载杆的状态下，起动电动机并慢慢将主轴转速调整到300r/min。慢慢转动螺旋加载杆，同时观察实验仪正面板上的工作载荷显示窗口，一般应加载至1800N左右。待各压力表的压力值稳定后，由左至右依次记录各压力表的压力值。

4. 摩擦系数 *f* 的测量

径向滑动轴承的摩擦系数 f 随轴承的特性系数 $\eta n/P$ 值改变而改变（η 为油的动力黏度，n 为轴的转速，P 为压力，$P=W/Bd$，其中 W 为轴上的载荷，B 为轴瓦的宽度，d 为轴的直径。本实验台 $B=125\text{mm}$，$d=70\text{mm}$)，如图12-4所示。

在边界摩擦时，f 随 $\eta n/P$ 值的增大变化很小（由于 n 值很小，建议用手慢慢转动轴），进入混合摩擦后 $\eta n/P$ 值的改变引起 f 的急剧变化，在刚形成液体摩擦时 f 达到最小值，此后，随 $\eta n/P$ 值的增大油膜厚度也随之增大，因而 f 也有所增大。摩擦系数 f 可通过测量轴承的摩擦力矩而得到。轴转动时，轴对轴瓦产生周向摩擦力 F，其摩擦力矩为 $Fd/2$，它向轴瓦5（图12-1）施加翻转力，其翻转力矩通过固定在实验台底座的摩擦力矩传感器测出，并经过以下计算就可得到摩擦系数 f。

根据力矩平衡条件得

$$Fd/2=LQ \tag{12-6}$$

式中，F 为 $F_1+F_2+F_3+F_4+\cdots$ 摩擦力之和；Q 为作用在摩擦力矩传感器上的反作用力。

设 L 为测力杆的长度（本实验台 $L=120\text{mm}$)，作用在轴上的外载荷为 W，则：

$$f=\frac{F}{W}=\frac{2LQ}{Wd} \tag{12-7}$$

式中，f 为摩擦系数；Q 由摩擦力矩传感器测得，并由实验仪读出；W 为工作载荷，由工作载荷传感器测得，并由实验仪读出；d 为主轴直径，如图12-5所示。

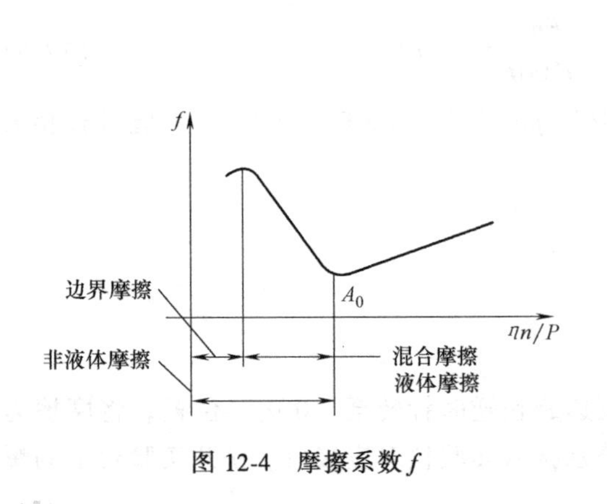

图12-4　摩擦系数 f

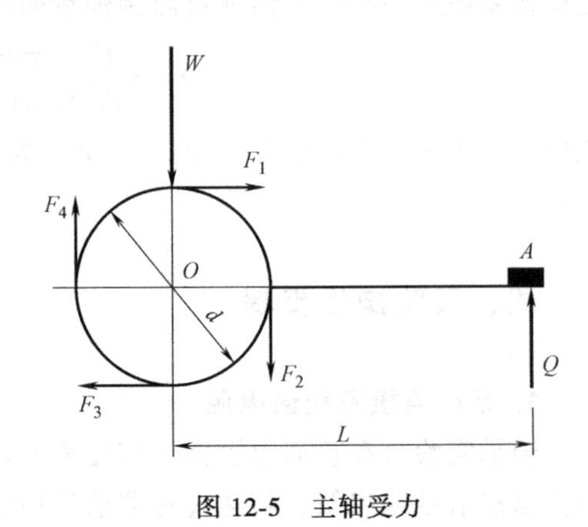

图12-5　主轴受力

5. 关机

待实验数据记录完毕后，先松开螺旋加载杆，并旋动调整电位器使电动机转速为零，关闭实验台及实验仪电源。

6. 绘制径向油膜压力分布曲线与承载曲线

根据测出的各压力值按一定比例绘制出油压分布曲线与承载曲线，如图 12-6 所示。

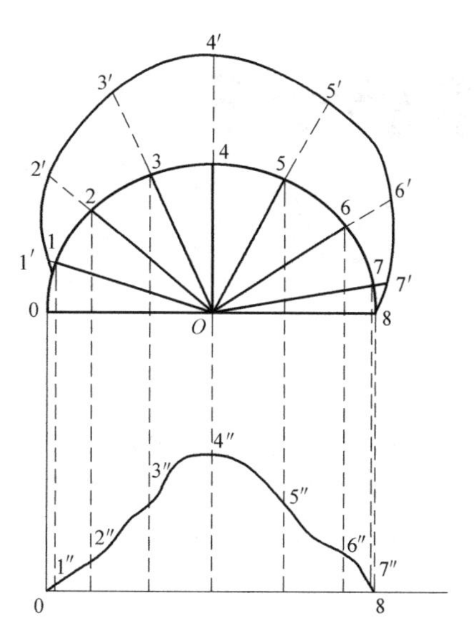

图 12-6　油压分布曲线与承载曲线

具体画法是：沿着圆周表面从左到右画出角度分别为 30°、50°、70°、90°、110°、130°、150°的连心线，得到油孔点 1、2、3、4、5、6、7 的位置。在各连心线的延长线上将压力表（比例：0.1MPa=5mm）测出的压力值，转换为压力线 1—1′、2—2′、3—3′、…、7—7′。将 1′、2′、3′、…、7′顺序连成光滑曲线，此曲线就是所测轴承的油膜径向压力分布曲线。

为了确定轴承的承载量，用 $P_i\sin\phi_i$（i=1、2、…、7）求得矢量 1—1′、2—2′、3—3′、…、7—7′在载荷方向的分量（即 y 轴的投影值）。角度 ϕ_i 与 $\sin\phi_i$ 的数值见表 12-1。

表 12-1　角度 ϕ_i 与 $\sin\phi_i$ 的数值表

ϕ_i	30°	50°	70°	90°	110°	130°	150°
$\sin\phi_i$	0.500	0.7660	0.9397	1.00	0.9397	0.7660	0.5000

然后将 $P_i\sin\phi_i$ 这些平行于 y 轴的矢量移到直径 0—8 上。为清楚起见，将直径 0—8 平移如图 12-6 所示位置，作为坐标轴，在坐标轴 0—8 上先绘制轴承表面上油孔位置的投影点 1、2、…、8，然后通过这些点绘制上述相应的各点压力在载荷方向的分量，即 1″、2″、…、7″，并将各点平滑连接起来，所形成的曲线即为在载荷方向的压力分布曲线。

实验十三

轴系结构组合实验

• 本实验通过轴系零件组装和测绘，掌握轴的结构设计、轴承组合设计，并学习轴上零件的定位与固定、轴系零件的绘制方法。

• 建议实验2学时。

一、实验目的

1. 熟悉并掌握轴系结构设计中有关轴的结构设计、滚动轴承组合设计的基本方法。
2. 熟悉并掌握轴及轴上零件的结构形状、功用、工艺要求和装配关系。
3. 熟悉并掌握轴及轴上零件的定位与固定方法。
4. 掌握轴系结构及零部件的制图方法。

二、实验设备和工具

1. 模块化轴段（可组装成不同结构形状的阶梯轴）。

2. 轴上零件：齿轮、蜗杆、带轮、联轴器、轴承、轴承座、端盖、套筒、轴端挡板、止动垫圈、轴用弹性挡圈、孔用弹性挡圈、螺钉、螺母等。

3. 工具：活扳手、胀钳、内外卡钳、钢直尺、游标卡尺等。

三、实验原理及方法

轴、轴承和轴上零件的组合构成了轴系。它是机器的重要组成部分，对机器的运转正常与否有重大影响。

1. 轴及轴上零件的设计

轴的主要功能是支撑旋转零件和传递转矩。轴的设计，一方面要根据使用条件，合理地选择材料，确定主要尺寸，保证其具有足够的工作能力，满足强度、刚度和振动稳定性等要求；另一方面要综合考虑自身及轴上零件的装拆、定位、固定以及加工工艺、维修保养等要求，合理地确定轴的结构形状和尺寸，即从轴系结构的设计角度出发进行轴的结构设计。通常轴的结构设计，应使轴系受力合理，有利于提高轴的强度、刚度和振动稳定性，有利于节约材料和减小质量。轴及轴上零件应定位准确、固定可靠、便于装拆和调整，还应具有良好

的加工和装配工艺性，并尽量避免应力集中。

2. 轴承及其设计

轴承是支撑轴等回转零件旋转，并降低支撑摩擦的零部件。常用的滚动轴承已标准化，由专门的工厂大批量生产，在机械设备中得到了广泛应用。设计时只需根据工作条件选择合适的类型，依据寿命计算确定规格尺寸，并进行滚动轴承的组合结构设计。

在分析和设计滚动轴承的组合结构时，主要应考虑：轴系的固定，轴承与轴、轴承座的配合，轴承的润滑和密封，提高轴系的刚度等方面的问题。显然，此时考虑的也应是整个轴系，而不仅仅是轴承本身。

3. 轴系结构示意图

图 13-1 所示为轴系结构示意图。轴各部分的名称、位置、尺寸要求与作用如下：轴颈是轴与轴承配合的部分，轴头是轴上装轮毂的部分，轴身是连接轴头和轴颈的部分。轴颈直径与轴承内径尺寸一致，轴头直径与相配合的毂孔直径尺寸应一致。轴颈和轴头表面都是配合表面，其余则是自由表面。配合表面的轴段直径通常应取标准值，并需确定相应的加工精度和表面粗糙度要求。

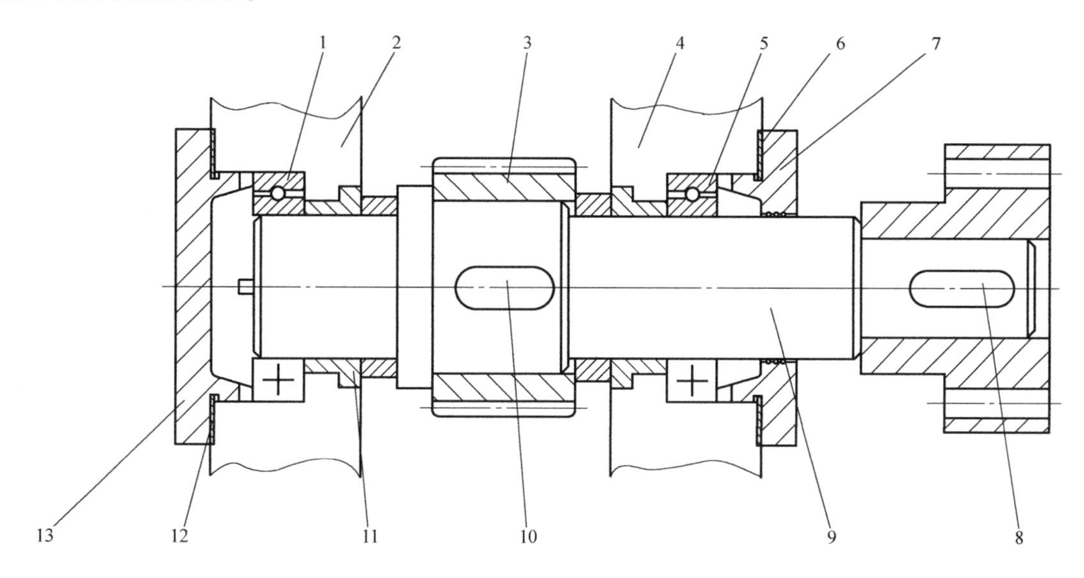

图 13-1　轴系结构示意图

1、5—轴承　2、4—轴承座　3—齿轮（轴上传动件）　6、12—调整垫片

7、13—轴承端盖　8—平键 A　9—轴　10—平键 B　11—阶梯轴套

四、实验步骤

1）根据给定的轴系结构图样进行轴系结构拼装。选择相应的零件实物，按装配工艺要求顺序装到轴上。

2）测量轴系中各零件的结构尺寸，并按一定比例绘出轴系结构的装配图，标注必要的尺寸及配合（底板不测绘，轴承座只测量轴向宽度，仅标出各段轴的直径和长度即可，公差配合及其余尺寸不注，零件序号、标题栏可省略）。

3）检查原设计是否合理，并对不合理的结构进行修改。合理的结构应满足下列要求：

① 轴上零件装拆方便，轴的加工工艺性良好。

② 轴上零件的轴向固定和周向固定可靠。

③ 轴承固定方式应符合给定的设计条件，轴承间隙调整方便。

④ 齿轮轴系的位置应能进行轴向调整。

4）将实验零件放回箱内，排列整齐，工具放回原处。

5）完成实验报告。

实验十四

减速器的拆装实验

- 本实验为减速器的拆装和结构分析，通过对各种减速器的实际拆装，对减速器、箱体、齿轮、轴和轴承等零件进行全面细致的观察，了解减速器的结构、加工和装配工艺，理解各种零件结构和相互间的位置关系，增加对整体机械产品的感性认识，为课程设计的顺利进行打下基础。
- 建议实验 2 学时。

一、概述

减速器是由封闭在箱体内的齿轮传动或蜗杆传动所组成的独立部件，常安装在机械的原动机与工作机之间，用以降低输入的转速并相应地增大输出的转矩。减速器的结构随其类型和要求不同而异，其基本结构一般由箱体、轴系零件和附件三部分组成。图 14-1 所示为单级圆柱齿轮减速器，下面结合减速器装配图简要介绍减速器的结构。

图 14-1　单级圆柱齿轮减速器

1. 箱体结构

减速器的箱体用来支撑和固定轴系零件，应保证传动轴线相互位置的正确性，因而轴孔必须精确加工。箱体必须具有足够的强度和刚度，以避免引起沿齿轮齿宽方向的载荷分布不匀。为了增加箱体的刚度，通常在箱体上制出筋板。

为了便于轴系零件的安装和拆卸，箱体通常制成剖分式。剖分面一般取在轴线所在的水平面内（即水平剖分），以便于加工。箱盖和箱座之间用螺栓连接成一整体，为了使轴承座旁的连接螺栓尽量靠近轴承座孔，应在轴承座旁制出凸台。设计螺栓孔位置时，应注意留出扳手空间。

箱体通常用灰铸铁（HT150 或 HT200）铸成，对于受冲击载荷的重型减速器也可采用铸钢制造箱体。单件生产时为了简化工艺，降低成本可采用钢板焊接箱体。

2. 轴系零件

高速级的小齿轮直径和轴的直径相差不大，将小齿轮与轴制成一体。大齿轮与轴分开制造，用普通平键进行周向固定。轴上零件用轴肩，轴套，封油环与轴承端盖进行轴向固定。输出轴采用角接触轴承进行支撑，承受径向载荷和轴向载荷的联合作用。轴承端盖与箱体座孔外端面之间垫有调整垫片组，以调整轴承游隙，保证轴承正常工作。

该减速器中的齿轮传动采用油池浸油润滑，大齿轮的轮齿浸入油池中，靠它把润滑油带到啮合处进行润滑。轴承采用润滑脂润滑，为了防止箱体内的润滑油进入轴承，应在轴承和齿轮之间设置封油环。轴承端盖孔内装有密封元件，采用的唇形密封圈可以防止箱内润滑油泄漏以及外界灰尘异物浸入箱体，具有良好的密封效果。

3. 减速器附件

(1) 定位销　在精加工轴承座孔前，在箱盖和箱座的连接凸缘上配装定位销，以保证箱盖和箱座的装配精度，同时也保证了轴承座孔的精度。两定位销应设在箱体纵向两侧连接凸缘上，且不宜对称布置，以加强定位效果。

(2) 观察孔盖板　为了检查传动零件啮合情况，并向箱体内加注润滑油，在箱盖的适当位置设置一观察孔。观察孔多为长方形，观察孔盖板平时用螺钉固定在箱盖上，盖板下垫有纸质密封垫片，以防漏油。

(3) 通气器　通气器用来沟通箱体内外的气流，使箱体内的气压不会因减速器运转时的油温升高而增大，从而提高了箱体分箱面、轴伸端缝隙处的密封性能。通气器多装在箱盖顶部或观察孔盖上，以便箱内的膨胀气体自由逸出。

(4) 油面指示器　为了检查箱体内的油面高度及时补充润滑油，应在箱体便于观察和油面稳定的部位，装设油面指示器。油面指示器分油标和油尺两类。

(5) 放油螺塞　换油时，为了排放污油和清洗剂，应在箱体底部、油池最低位置开设放油孔。平时放油孔用放油螺塞旋紧，放油螺塞和箱体结合面之间应加防漏垫圈。

(6) 起箱螺钉　装配减速器时，常常在箱盖和箱座的结合面处涂上水玻璃或密封胶，以增强密封效果，但却给开起箱盖带来困难。为此，在箱盖侧边的凸缘上开设螺纹孔，并拧入起箱螺钉。开起箱盖时，拧动起箱螺钉，迫使箱盖与箱座分离。

(7) 起吊装置　为了便于搬运，需在箱体上设置起吊装置。图中箱盖上铸有两个吊耳，用于起吊箱盖。箱体上铸有两个吊钩，用于吊运整台减速器。

二、实验目的

通过对各种减速器的实际拆装，对减速器、箱体、齿轮、轴和轴承等零件进行全面细致的观察，了解减速器的结构、加工和装配工艺，理解各种零件结构和相互间的位置关系，增加对整体机械产品的感性认识，为课程设计的顺利进行打下基础。

三、实验设备和工具

1. 二级圆柱齿轮减速器。
2. 拆装工具。
3. 钢直尺。

四、实验步骤

1) 打开观察孔盖。转动高速轴，观察齿轮的运转情况，注意观察孔开设的位置及尺寸

大小。

2）取出定位销，拧下轴承盖螺钉以及箱盖与箱体的连接螺栓，借助起箱螺钉将箱盖与箱体分离。利用起吊装置取下箱盖，并翻转180°，平稳放置一旁，以免损坏结合面。

3）观察箱体内各零、部件间的相互位置，并进行必要的测量，将测量结果记于实验报告的表格中。画出传动示意图和箱盖（或箱体）的草图（指导教师可根据不同专业取舍）。

4）取出轴承压盖，将轴系部件取出并放在木板或胶皮上，仔细观察轴系部件上齿轮、轴承、封油环等零件的结构，分析安装、拆卸、固定、调整对零件结构的要求。并绘制轴系部件的结构草图。

5）观察箱体上的放油孔、油面指示器的位置和结构。

6）测量各种螺钉直径，将测量结果记于实验报告中，根据实验报告的要求测量其他有关尺寸并记录（测量项目由指导老师取舍）。

7）按拆卸的相反顺序将减速器复原，并拧紧螺钉。注意：安放箱盖前要旋回起箱螺钉。

8）整理工具，经指导老师检查后，才能离开实验室。

实验十五

慧鱼创意组合设计实验

- 通过对慧鱼模型的创新设计，培养工程创新的兴趣和意识，提高学生研究、解决问题、设计、实验、测试和收集数据的工程能力。
- 建议实验2学时。

一、实验目的

1. 学会慧鱼模型组装和慧鱼图形化编程软件的使用。
2. 通过设计组装模型，使学生加深对机械结构、机械原理及控制原理的理解。
3. 通过对模型的创新设计，培养学生工程创新意识和能力。

二、实验设备和工具

慧鱼创意组合模型、电源、计算机、控制软件等。

三、实验设备介绍

慧鱼创意模型系统由硬件和软件组成，硬件采用优质的尼龙塑胶，辅料采用不锈钢芯铝合金架等，尺寸精确，不易磨损。采用燕尾槽插接方式连接，可实现六面拼接，多次拆装。慧鱼创意模型硬件主要包括：机械构件、驱动源、传感器、接口板等。

1. 机械构件

机械构件主要包括：连杆、链条、齿轮（普通齿轮、锥齿轮、斜齿轮、内啮合齿轮、外啮合齿轮）、齿轮轴、蜗轮、蜗杆、凸轮、弹簧、曲轴、万向联轴器、差速器、齿轮箱、铰链等。

2. 驱动源

1）直流电动机驱动（9V、最大功率1.1W、转速7000r/min），由于模型系统需求功率比较低（系统载荷小，需求功率只克服传动中的摩擦阻力），所以它兼顾驱动和控制两种功能。

2）减速直流电动机驱动（9V、最大功率1.1W，减速比50∶1/20∶1）。

3）气动驱动包括：储气罐、气缸、活塞、电磁阀、气管等元件。

3. 传感器

传感器作为一种感应元件，可以将物理量的变化转化成电信号，作为计算机的输入信号，经过计算机处理，达到控制执行元件的目的。

1）感光传感器。对亮度有反应，它和聚焦灯泡配合使用，当有光（或无光）照在上面时，光电管产生不同的电阻值，引发不同信号。

2）接触传感器。如图15-1所示，当按钮按下，接触点1、3接通，同时接触点1、2断开，所以有两种使用方法。常开：使用接触点1、3，按下按钮为导通，松开按钮为断开；常闭：使用接触点1、2，按下按钮为断开，松开按钮为导通。

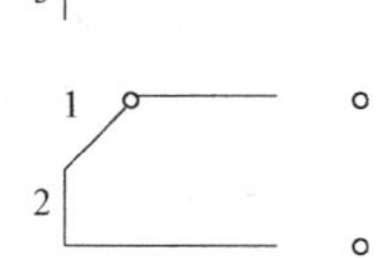

图15-1　触动开关原理示意图

3）热传感器。可测量温度，温度20℃时，电阻值1.5kΩ。

4）磁性传感器。非接触性开关。

5）红外线发射接收装置。由一个红外线发射器和一个微处理器控制的接收器组成，有效控制范围是10m，分别可控制三个电动机。

4. ROBOTICS TXT控制板

控制板可以使计算机和慧鱼模型之间进行有效的通信，它可以传输来自软件的指令，如激活电动机或者处理来自各种传感器的信号。ROBOTICS TXT控制板接口如图15-2所示，可以通过彩色触摸屏控制。内置的蓝牙与WiFi模块提供了完美的无线连接方式。控制板包含众多接口，其中的USB接口可以连接慧鱼USB摄像头之类的设备。该控制板拥有功能强大的处理器，大容量的RAM及Flash存储空间和Linux操作系统，保证了ROBOTICS TXT控

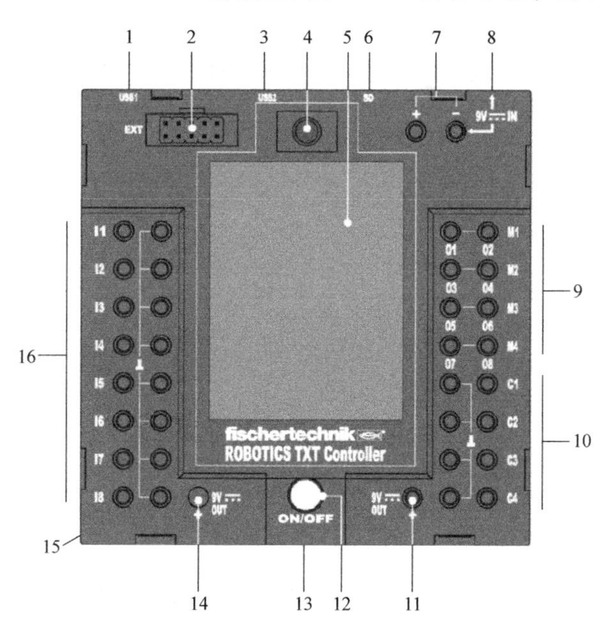

图15-2　TXT控制板接口总览

1—USB-A接口（USB-1）　2—扩展板接口　3—Mini USB接口（USB-2）　4—红外接收器　5—触摸屏　6—Micro SD卡插槽　7—9V供电接口，充电电池接口　8—9V供电接口，直流开关电源接口　9—输出端M1～M4，或O1～O8　10—输入端C1～C4　11—9V输出端（正极端子）　12—ON/OFF开关　13—扬声器　14—9V输出端（正极端子）　15—纽扣电池仓　16—通用输入端I1～I8

制板极高的性能。集成的 Micro SD 卡插槽可以提供额外的存储空间。控制板的五个面都有插槽，整体尺寸十分紧凑，极大地节约了空间，可以被安装于任何慧鱼模型上。

ROBOTICS TXT 的软件要求：ROBO Pro 版本 4.0 及以上。

供电方式有两种选择：①将可充电电池连接到 9V 供电接口，这种方式为模型提供移动电源。②将直流电源连接到 9V 供电接口，这种方式可以连接直流电源。

当控制板首次与计算机连接时，必须安装 USB 驱动。如果计算机上安装有 ROBO Pro 软件，USB 驱动会自动安装。步骤如下：

1）将控制板通过 USB 数据线连接到计算机。

2）接通控制板电源。

3）通过 ON/OFF 开关启动控制板。请持续按下 1s。

显示屏会显示欢迎界面的控制板固件版本号。操作系统加载完成后，显示主菜单。

5. ROBO Pro 软件

ROBO Pro 软件是针对 ROBO TXT、ROBO TX 等控制板开发的编程软件，但是 ROBO Pro 只支持智能接口板的在线控制模式，不再支持老式的并行控制。软件提供了图形化编程语言，包含了现代编程语言中的所有关键元素，例如，队列、函数、递归、对象、异步事件、准并行处理等。程序直接翻译成机器语言，以便有效地执行。

安装 ROBO Pro 的系统要求：微软视窗操作系统 Windows XP、Vista、7 或 8。

打开软件后，软件界面如图 15-3 所示。

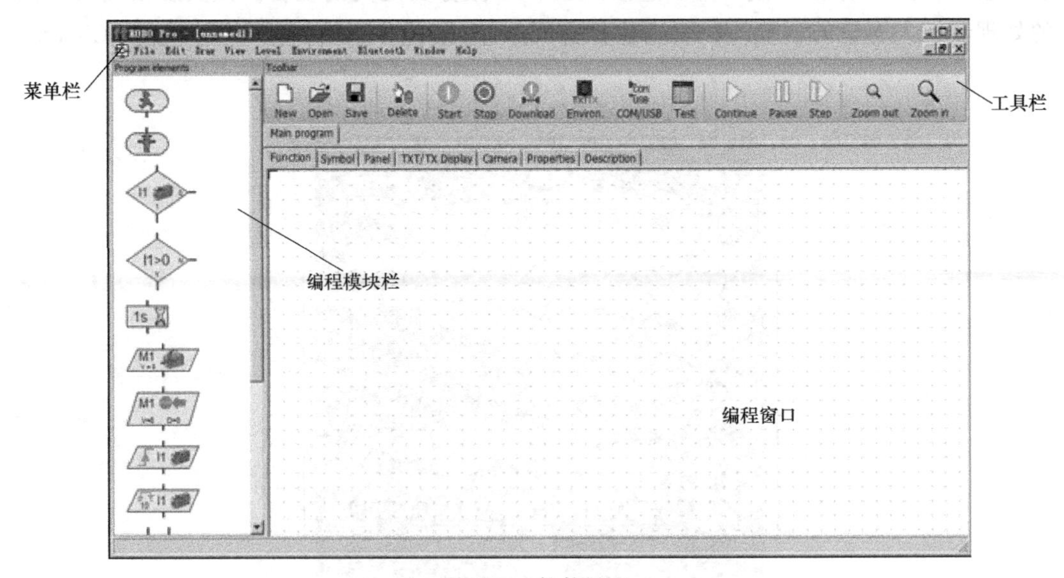

图 15-3　软件界面

控制器通过 USB 连接到计算机后，需要进行端口设置和测试。具体来说，用开始菜单中的 Programs 或者 All programs 下的 ROBO Pro 来启动 ROBO Pro 程序，然后单击工具栏中的 COM/USB 按钮，出现如图 15-4 所示的窗口，在此可以选择端口和控制板的类型。一旦完成了适当的设置，单击“OK”按钮，关闭窗口。然后，可以单击工具栏中的“Test”按钮，打开控制板测试窗口，如图 15-5 所示。窗口下方的绿条显示了计算机和控制板的连接状态。

Connection 显示 Running，表明已与控制板正确连接；显示 Stopped，表明计算机和控制板没有建立正确连接，状态条的显示为红色。

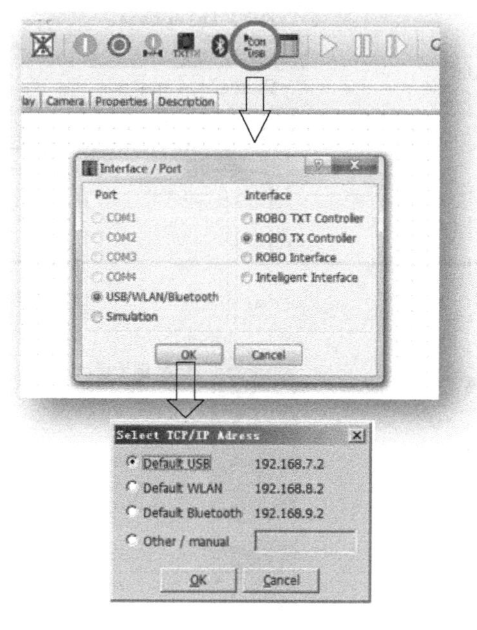

图 15-4　端口设置

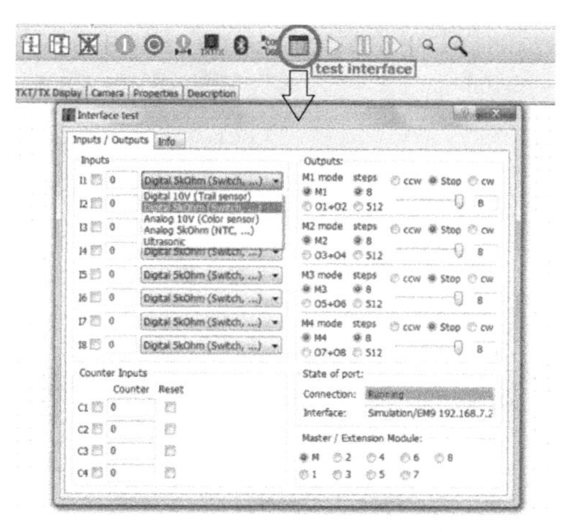

图 15-5　接口测试

除了在工具栏端口设置中正确地设置控制器类型外，在菜单栏“环境”菜单设置中也需要进行正确的设置，否则在执行程序的过程中，会因为端口不匹配的问题而出现执行错误的问题，设置过程如图 15-6 所示。

程序编好后可先在线运行，以便调试。单击工具栏按钮运行程序 。正在运行的程序步骤会以红色显示，用户可据此观察程序运行过程，调试程序。如需中断程序可单击工具栏按钮。如果调试程序无误，并且确保接口板与计算机的端口连接正确的话，即可单击工具栏按钮进行程序下载，此时系统弹出如图 15-7 所示界面。

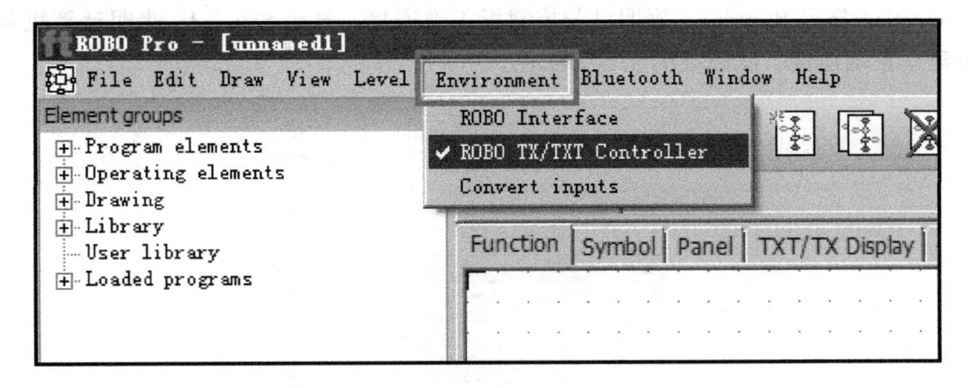

a)

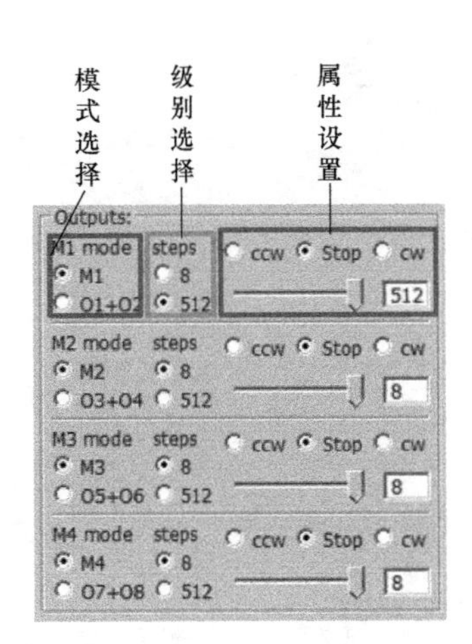

b)

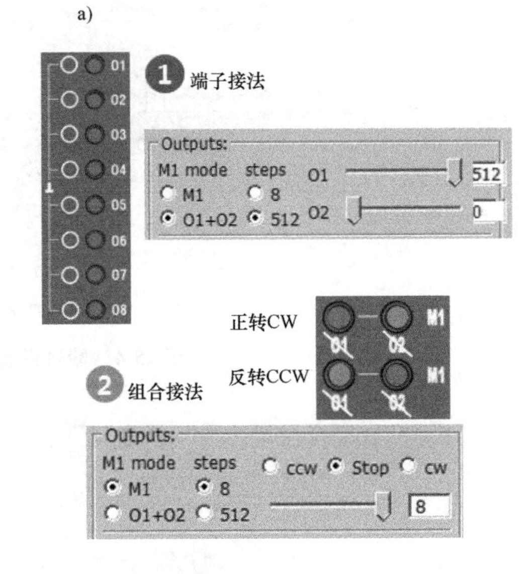

c)

图 15-6 环境设置

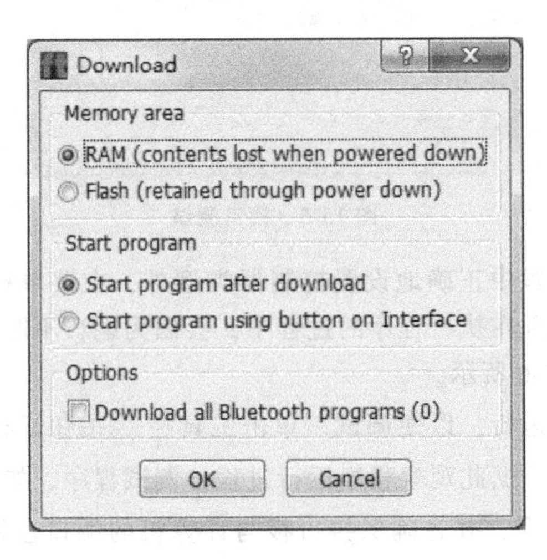

图 15-7 程序下载

四、实验方法和步骤

1）根据指导老师给出的创新设计题目或范围，经过小组讨论后，拟定初步设计方案。

2）将初步设计方案交给指导教师审核。

3）审核通过后，按比例缩小结构尺寸，使该设计方案可由慧鱼创意组合模型进行拼装。

4）选择相应的模型组合包。

5）根据设计方案进行结构拼装。

6）安装控制部分和驱动部分。

7）确认连接无误后，上电运行。

8）必要时连接计算机接口板、编制程序、调试程序。步骤为：先断开接口板及计算机的电源，连接计算机及接口板，接口板通电，计算机通电运行。根据运行结果修改程序，直至模型运行达到要求。

9）运行正常后，先关闭计算机，再关闭接口板电源。然后拆除模型，将模型各部件放回原存放位置。

五、实验项目

1. 升降台

搭建用于包装行业的升降台工作单元模型。包括托盘入口滑道和传送带模块，传送带分别由链条驱动，托盘可沿竖直轨道上下滑动，组合模型如图 15-8 所示。

图 15-8　升降台模型

2. 三自由度机械手

模型模拟摇臂式机械手的工作方式，可由 ROBO TXT 控制器或 PLC 进行控制，可以与带传送带的冲床等其他模型配合使用，模型如 15-9 所示。

3. 带传送带的冲床

模型由传送带和冲床组成，传送带与冲床配合工作，通过传感器对物料进行检测识别及定位。模型可由 ROBO TXT 控制器或 PLC 进行控制，可以与三自由度机械手等模型配合使用，模型如图 15-10 所示。

图 15-9　三自由度机械手

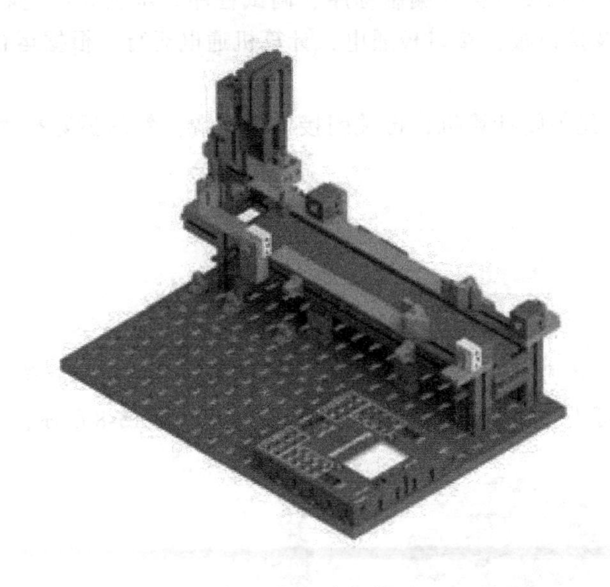

图 15-10　冲床模型

4. 小型传输分类流水线

小型传输分类流水线模型模拟将货物进行分类的过程，可应用于包裹分配中，由带推杆的进料口、传送带、两个推杆和三个出料口组成，模型如图 15-11 所示。

图 15-11　小型传输分类流水线

实验报告一　机构认知实验

姓名　　　　　班级　　　　　专业　　　　　学号　　　　　指导教师

一、实验目的

二、实验设备和工具

三、思考题

1. 什么是机器？什么是机构？两者有何区别？

2. 铰链四杆机构有哪几种类型？四杆机构中曲柄存在的条件是什么？

3. 凸轮机构的主要特点是什么？其主要由哪几部分组成？

4. 齿轮机构的主要特点是什么？根据轮齿的形状齿轮分为哪几种类型？什么是渐开线？渐开线是如何形成的？

5. 什么是定轴轮系？什么是周转轮系？何为行星轮系？何为差动轮系？

实验报告二　机构运动简图的测绘实验

姓名　　　　　　班级　　　　　　专业　　　　　　学号　　　　　　指导教师

一、实验目的

二、实验设备和工具

三、实验步骤

四、实验结果

报告表 2-1　测绘结果及分析

编号	机构名称	机构运动简图	自由度计算	判断机构运动的确定性
1			$n=$ $P_L=$ $P_H=$ $F=$ 原动件数 =	

(续)

编号	机构名称	机构运动简图	自由度计算	判断机构运动的确定性
2			n= P_L= P_H= F= 原动件数=	
3			n= P_L= P_H= F= 原动件数=	

五、思考题

1. 正确的机构运动简图应能说明哪些内容？

2. 绘制机构运动简图时，原动件的位置为什么可以任意确定？会不会影响运动简图的正确性？

3. 机构自由度的意义是什么？如果原动件与自由度数目不相等会有什么后果？

实验报告三　基于Matlab的平面连杆机构运动学实验

姓名　　　　　　班级　　　　　　专业　　　　　　学号　　　　　　指导教师

一、实验目的

二、实验设备和工具

三、实验原理及方法

四、实验步骤

五、思考题

1. 分析比较图解法和计算机辅助解析法进行机构运动分析的优缺点。

2. 结合实验要求，分析原动件的尺寸 l_2，对连杆 4 加速度的影响。

实验报告四　基于 Matlab 的凸轮轮廓曲线设计实验

姓名　　　　　　班级　　　　　　专业　　　　　　学号　　　　　　指导教师

一、实验目的

二、实验设备和工具

三、实验原理及方法

四、实验任务

设计任务：设计一对心直动尖顶从动件盘形凸轮机构。已知凸轮基圆半径 $r_0=30\text{mm}$，从动件运动规律：推程运动角为 120°，远休止角为 0°，回程运动角为 120°，近休止角为 120°，凸轮顺时针方向匀速回转，从动件升程 $h=20\text{mm}$，推程与回程均按余弦加速度运动规律。实验步骤如下：

1. 凸轮机构轮廓曲线的数学模型建立。
2. 程序设计。
3. 运行程序，绘出凸轮机构的凸轮轮廓曲线。

五、思考题

1. 分析比较图解法和计算机辅助解析法设计凸轮轮廓的优缺点。

2. 分析基圆半径 r_0 对凸轮轮廓形状的影响。

实验报告五　渐开线齿廓展成实验

姓名　　　　　班级　　　　　专业　　　　　学号　　　　　指导教师

一、实验目的

二、实验设备和工具

三、齿轮的基本参数

$m=20\text{mm}$，$z=10$，$\alpha=20°$，$h_a^*=1$，$c^*=0.25$。

四、刀具的基本参数

$m=20\text{mm}$，$\alpha=20°$，$h_a^*=1$，$c^*=0.25$。

五、实验结果

报告表 5-1　实验结果

项　　目	标准齿轮	正变位齿轮 $x=0.5$	负变位齿轮 $x=-0.5$
齿顶圆直径			
分度圆直径			
基圆直径			
齿根圆直径			
分度圆上齿厚			
分度圆上齿间距			
齿形比较			

六、思考题

1. 标准齿轮和变位齿轮齿形有何异同？

2. 加工标准齿轮和变位齿轮时，啮合线的位置及啮合角的大小有没有变化？为什么？

实验报告六　齿轮几何参数的测定实验

姓名　　　　　班级　　　　　专业　　　　　学号　　　　　指导教师

一、实验目的

二、实验设备和工具

三、实验报告

1. 被测齿轮：直齿圆柱齿轮 $h_a^* = 1$，$c^* = 0.25$。

齿数：偶数齿轮齿数 z=

　　　奇数齿轮齿数 z=

2. 测量数据：齿顶圆直径 d_a，齿根圆直径 d_f，孔径 D 和齿高 h。

报告表 6-1　齿顶圆、齿根圆、孔径、齿高测量结果　　　（单位：mm）

齿数				
测量次数	1	2	3	平均值
d_a				
d_f				
D				
$h=(d_a-d_f)/2$				

齿数				
测量次数	1	2	3	平均值
D				
$h=H_1-H_2$				

3. 公法线长度 W_k'、W_{k+1}' 及基圆齿距 P_b、模数 m、压力角 α 的确定。

报告表 6-2　公法线长度、基圆齿距、模数、压力角测量结果

	偶数齿轮				奇数齿轮			
齿数								
	测量次数				测量次数			
	1	2	3	平均值	1	2	3	平均值
W_k'								
W_{k+1}'								
基圆齿距 $P_b' = W_{k+1}' - W_k'$								
模数 m								
压力角 α								

4. 判定是否为变位齿轮，确定变位系数。

报告表 6-3　变位齿轮的判定

	偶数齿轮	奇数齿轮
齿数 z		
模数 m		
压力角 α		
公法线标准值 W_k		
公法线测量值 W_k'		
变位系数 $x = (W_k' - W_k)/(2m\sin\alpha)$		
结论		

四、思考题

1. 直齿圆柱齿轮的基本参数有哪些？

2. 测量齿轮公法线长度时，确定跨齿数 k 有哪三种方法？

3. 齿轮测量时，每一数据为什么要测三次？考虑了哪些影响因素？

实验报告七　机构运动方案创新设计实验

姓名　　　　　班级　　　　　专业　　　　　学号　　　　　指导教师

一、实验目的

二、实验设备和工具

三、绘制创新机构简图，拆分杆组，并计算自由度

四、思考题

1. 实验中所设计机构实现过程中遇到过什么问题？如何解决的？

2. 实验中所设计机构有什么现实应用案例？

实验报告八　动平衡实验

姓名　　　　　班级　　　　　专业　　　　　学号　　　　　指导教师

一、实验目的

二、实验设备和工具

三、实验机构及测试原理图

四、实验步骤

五、实验数据

报告表 8-1 实验数据表

次 数	左 边		右 边	
	角度(°)	质量/g	角度(°)	质量/g
1				
2				
3				
4				
5				

注：次数以达到平衡质量为标准。

六、思考题

1. 哪些类型工件需要进行动平衡实验？实验的理论依据是什么？工件经过动平衡后是否还要进行静平衡？为什么？

2. 为什么偏重、太大的工件需要进行静平衡？

3. 指出影响平衡精度的一些因素。

实验报告九　机械零件认知实验

姓名　　　　　班级　　　　　专业　　　　　学号　　　　　指导教师

一、实验目的

二、实验设备和工具

三、实验任务

1. 按照机械零件陈列柜所展示的零部件顺序，由浅入深，由简单到复杂进行参观认知，指导教师做简要讲解。

2. 在听取指导教师讲解的基础上，分组仔细观察，并讨论各种机械零部件的结构类型、特点及应用范围。

四、思考题

1. 简述螺纹连接类别及应用场合。

2. 列举键和花键的连接方式及应用的优缺点。

3. 列举V带、同步带、链、齿轮的应用实例及优缺点。

4. 简述联轴器与离合器的区别。

5. 简述滑动轴承与滚动轴承的优缺点及应用场合。

6. 列举各种类型滚动轴承的应用特点。

实验报告十　螺栓组及单螺栓连接静、动态综合实验

姓名　　　　　班级　　　　　专业　　　　　学号　　　　　指导教师

一、实验目的

二、实验设备和工具

三、实验设备及测试原理图

四、实验步骤

五、实验数据

六、思考题

1. 被连接件刚度与螺栓刚度的大小对螺栓的动态应力分布有何影响?

2. 理论计算和实验所得结果之间的误差,是由哪些原因引起的?

实验报告十一　带传动实验

姓名　　　　　　班级　　　　　　专业　　　　　　学号　　　　　　指导教师

一、实验目的和要求

二、实验设备和工具

三、实验结果

1. 主要参数。

报告表 11-1　主要参数

参数	主动电动机调速范围	额定转矩	带轮直径		带轮包角	
			D_1 =	D_2 =	α_1 =	α_2 =

2. 带的类型（平带/V 带）。

报告表 11-2　实验结果

型号	F_0 =　　N						F_0 =　　N					
	n_1/ $r \cdot min^{-1}$	n_2/ $r \cdot min^{-1}$	ε(%)	T_1/ N·m	T_2/ N·m	η	n_1/ $r \cdot min^{-1}$	n_2/ $r \cdot min^{-1}$	ε(%)	T_1/ N·m	T_2/ N·m	η

四、绘制滑动率曲线图，效率曲线图

五、思考题

1. 实验过程中“加载”与对带轮加砝码各有什么含义，有何区别？

2. 什么叫滑差率？滑动曲线与效率曲线有何不同？

实验报告十二　液体动压轴承实验

姓名　　　　　班级　　　　　专业　　　　　学号　　　　　指导教师

一、实验目的

二、实验设备和工具

三、实验步骤

四、实验数据

五、思考题

1. 简述油膜形成的条件。

2. 试举例说明提高动压轴承工作能力的方法。

实验报告十三　轴系结构组合实验

姓名　　　　　　班级　　　　　　专业　　　　　　学号　　　　　　指导教师

一、实验目的和要求

二、实验设备和工具

三、实验步骤

四、实验结果

1. 轴系结构设计说明（说明轴上零件的定位与固定，滚动轴承的安装与调整，润滑以及密封方法）。

2. 轴系结构装配图。

五、思考题

1. 轴及轴上零件的轴向、周向定位与固定方法有哪些？

2. 轴承的布置、安装及调整有哪些方法？

3. 滚动轴承的润滑和密封方式有哪些？

4. 轴上各键槽是否应在同一条母线上？为什么？

实验报告十四　减速器的拆装实验

姓名　　　　　　班级　　　　　　专业　　　　　　学号　　　　　　指导教师

一、实验目的

二、实验设备和工具

三、实验结果

1. 画出减速器传动示意图（另附图样）。
2. 绘制轴系部件的装配草图（另附图样）。
3. 绘制箱体或箱盖的零件草图（另附图样）。
4. 有关尺寸测量记录。

报告表 14-1　减速器箱体尺寸测量结果

序　号	名　称	尺　寸
1	地脚螺钉孔直径	
2	轴承旁连接螺栓直径	
3	箱盖与箱体连接螺栓直径	
4	轴承压盖螺钉直径	
5	观察孔螺钉直径	
6	箱体壁厚	
7	箱盖壁厚	
8	箱体凸缘厚度	
9	箱盖凸缘厚度	
10	箱体底部凸缘厚度	
11	轴承旁凸台半径	
12	轴承旁凸台高度	
13	箱体外壁至轴承底座底面距离	
14	箱体筋板厚度	
15	箱盖筋板厚度	
16	轴承压盖直径	
17	轴承旁连接螺钉距离	
18	地脚螺钉间距	

四、思考题（可根据不同专业选用）

1. 轴承座旁两侧的凸台为什么比箱体与箱盖的连接凸缘高？

2. 箱盖上的吊耳与箱体上的吊钩有和不同？

3. 箱体凸缘的螺栓连接处均做成凸台或沉孔平面，为什么？

4. 箱盖与箱体的连接凸缘宽度及底座凸缘宽度的确定，受何种因素影响？

5. 滚动轴承的间隙是怎样调整的？

6. 拆卸的减速器中，轴承用何种方式润滑，如何防止箱体中的润滑油混入轴承中？

7. 拆卸的减速器中，结构上是否有不合理的地方？

实验报告十五　慧鱼创意组合设计实验

姓名　　　　　班级　　　　　专业　　　　　学号　　　　　指导教师

一、实验目的和要求

二、实验设备和工具

三、实验内容

根据分配的题目，在实验课程中应完成以下内容：

1. 搭建慧鱼标准模型。
2. 编写图形化程序。
3. 调试模型以实现某种功能。
4. 创新设计，改造标准模型。

四、思考题

1. 画出标准模型主要机构的工程草图。

2. 标准模型中主要使用了哪些典型的机构？

3. 标准模型中，使用了哪种传感器？它的原理和作用是什么？

4. 标准模型中，使用了哪种执行器？它的原理和作用是什么？

5. 在机械结构的搭建过程中，遇到了哪些问题？最终是如何解决的。

参考文献

[1] 孙恒. 机械原理 [M]. 北京：高等教育出版社，2006.

[2] 彭文生. 机械设计 [M]. 北京：高等教育出版社，2009.

[3] 杨可帧. 机械设计基础 [M]. 北京：高等教育出版社，2006.

[4] 金增平. 机械基础实验 [M]. 北京：化学工业出版社，2009.

[5] 林秀君. 机械设计基础实验指导书 [M]. 北京：清华大学出版社，2011.

[6] 薛铜龙. 机械设计基础实验教程 [M]. 北京：中国电力出版社，2009.

[7] 朱文坚. 机械基础实验教程 [M]. 北京：科学出版社，2007.

[8] 竺志超. 机械设计基础实验教程 [M]. 北京：科学出版社，2012.